COURS DE GÉOLOGIE

LES
TERRAINS JURASSIQUES

SUPÉRIEURS

ET LES

TERRAINS CRÉTACÉS

INFÉRIEURS

AUX ENVIRONS DE CHAMBÉRY.

PAR M. D. HOLLANDE

Docteur ès-sciences, professeur à l'École préparatoire
à l'enseignement supérieur de Chambéry,
professeur au Lycée, officier
d'Académie, etc.

CHAMBÉRY

IMPRIMERIE SAVOISIENNE, P. CARRON, PLACE DU CHATEAU, 5

1880

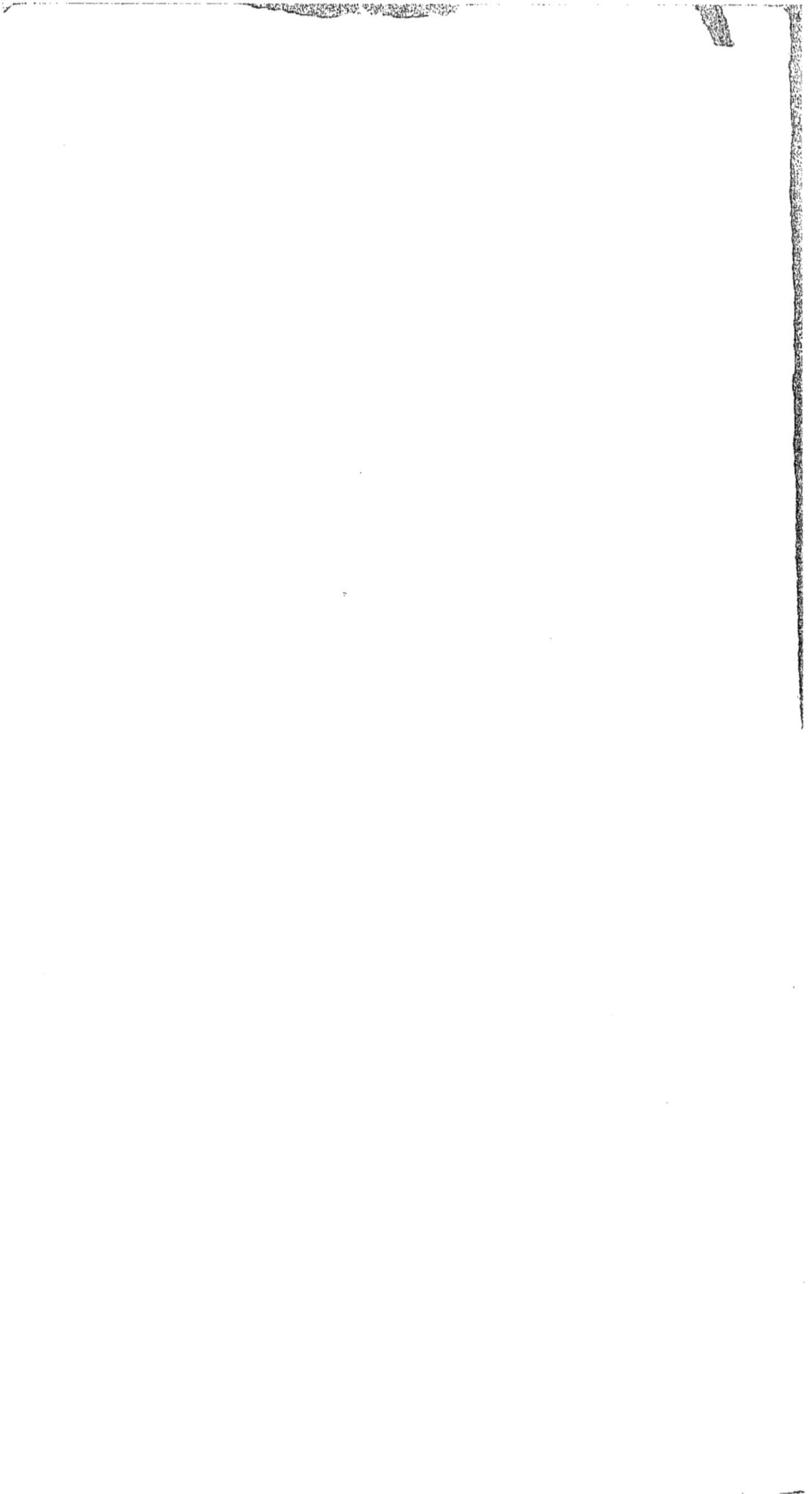

COURS DE GÉOLOGIE

LES

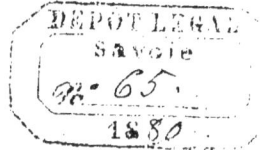

TERRAINS JURASSIQUES

SUPÉRIEURS

ET LES

TERRAINS CRÉTACÉS

INFÉRIEURS

AUX ENVIRONS DE CHAMBÉRY

PAR M. D. HOLLANDE

Docteur ès-sciences, professeur à l'École préparatoire
à l'enseignement supérieur de Chambéry,
professeur au Lycée, officier
d'Académie, etc.

CHAMBÉRY

IMPRIMERIE SAVOISIENNE. P. CARRON, PLACE DU CHATEAU, 5

1880

COURS DE GÉOLOGIE

Excursion du dimanche 11 avril 1880 à la colline de Lémenc

La colline de Lémenc peut être considérée comme étant le premier gradin du Nivolet. Longue de 3,000 mètres, dit M. Pillet, large de 1,200 mètres environ, elle vient, en s'abaissant, se perdre sous les rues de Chambéry, qui est assis sur un profond repli de cette colline.

Elle est formée essentiellement par la partie supérieure des terrains jurassiques. On y trouve de bas en haut :

1° *Des bancs de calcaires marneux, avec amas de matière verte et am. tenuilobatus, am. polyplocus, am. acanthicus*, etc.;

2° *Des bancs de calcaires couleur café au lait, presque lithographiques, mouchetés de points roses et noirs avec aptychus imbricatus, am. lithographicus*, etc.;

3° *Des bancs de calcaires blancs et une brèche avec cidaris glandifera. tereb.moravica, belemnites pilletti*, etc ;

4° *Des bancs minces de calcaires blancs pauvres en fossiles ;*

5° *Des bancs de marnes et de calcaires argileux, sur l'horizon des calcaires à ciment de Montagnole, avec la faune de Berrias à la partie supérieure.*

Des carrières de Lémenc on retire de belles pierres de taille, on y trouve les matériaux nécessaires à la fabrication d'une bonne chaux. Cette petite colline, si utile à l'industrie, ne l'est pas moins à la géologie. Elle a été l'objet d'une étude paléontologique de la part de MM. Pillet et E. de Fromentel. Ces géologues y signalent un grand nombre de fossiles recueillis soit dans la zone à *ammonites tenuilobatus*, ou sa partie supérieure comprenant les calcaires lithographiques à *am. lithographicus*, soit dans les calcaires ou la brèche de la vigne Droguet. Ce qu'il importe de noter avec ce beau travail de MM. Pillet et E. de Fromentel, c'est la présence de la *terebratula jonitor* dans les couches de la vigne Droguet, et la partie supérieure des couches à calcaires lithographiques au Calvaire de Lémenc.

Depuis quelques années, il existe au sujet du jurassique supérieur deux opinions totalement différentes. D'une part, l'école française, en s'appuyant sur les faits constatés en Angleterre, dans le bassin de Paris, dans les bassins du Sud-Ouest et de la Provence, avance que les mers du jurassique supérieur ont laissé les dépôts dans l'ordre suivant, en allant de haut en bas : Le Purbeck, les calcaires du Barrois, comprenant le portlandien, le virgulien, et l'astartien, puis le corallien, l'oxfordien et le callovien. D'autre part, l'école allemande donne pour la succession de ces dépôts l'ordre qui suit : le Purbeck, le portlandien, le virgulien, le ptéorérien, le séquanien, le rauracien, l'argovien, l'oxfordien et le callovien.

A quelle catégorie de ces dépôts appartiennent ceux de Lémenc?

Dans le Midi, l'oxfordien est formé de marnes et de calcaires argileux souvent riches en céphalopodes. A la partie supérieure on rencontre spécialement : *Am. tenuilobatus, am. polyplocus, am. compsus, am. acanthicus*, etc., c'est-à-dire les fossiles des carrières de Lémenc. Ces couches du jurassique supérieur sont bien développées dans les Basses-Alpes, entre Digne et Castellanne ; on les retrouve à la montagne de la Lauppe ; dans la Drôme, au pont des Pilles ; dans l'Isère, dans la vallée du Drac et la vallée de l'Isère, au-dessus de Grenoble. En effet, en remontant l'Isère à partir de Grenoble, on trouve sur la rive droite les assises de l'oxfordien, sur la rive gauche le lias. Pour trouver le contact de ces deux dépôts, il faut remonter l'Isère jusqu'à Grésy. Ainsi, entre le lias et l'oxfordien, on ne trouve pas en Savoie les dépôts de l'oolithe inférieure et de la grande oolithe. A la montagne de Crussol, au-dessus de Valence, les terrains oolithiques sont à peine représentés ; en venant vers l'Isère, ils disparaissent, on ne les trouve plus dans la zone subalpine. Peut-être cependant en existe-t-il un lambeau au fort Barraux, et d'après M. Pillet, un autre en Savoie, à la Table, au-dessus de la Rochette, et cela dans la première zone alpine.

« L'horizon inférieur, dit M. Favre, du terrain jurassique des « Voirons, occupe stratigraphiquement un niveau supérieur à « la zone de l'*am. transversarius* et inférieur à la zone de « l'*am. acanthicus*. Il est caractérisé par l'*am. limammatus* et « renferme un grand nombre de fossiles de la première de ces « zones. Il se relie donc plus intimement au terrain oxfordien

« qu'au terrain kimméridgien. Il se retrouve avec les mêmes
« caractères dans une partie des Alpes occidentales suisses.
« L'horizon supérieur appartient à la zone de l'*am. acanthicus*,
« qui est très riche en fossiles dans les Alpes occidentales ; il
« renferme aussi quelques espèces tithoniques. »

Dans le Jura, on peut distinguer pour l'oxfordien deux faciès :
1° le faciès argovien, comprenant : les couches de Geissberg, les
couches d'Effingen et les couches de Birmenstorff ; 2° le faciès
franc-comtois, comprenant deux horizons, à savoir : les calcaires et les marnes à *pholadomya exaltata* et les calcaires à *am.
renggeri* à la base. Lorsque ces deux faciès se rencontrent, on
remarque que le faciès argovien recouvre le faciès franc-comtois. Ces dépôts oxfordiens se trouvent également dans la Haute-
Marne, le Mâconnais et le bassin de Paris, ainsi qu'on l'a dit
plus haut. Dans la Haute-Marne, ils ont été étudiés avec beaucoup
de soin par MM. Tombeck et Royer. Leur étude dans le Jura a
surtout été faite par MM. Choffat, de Tribolet, etc. Il arrive
souvent que les fossiles, dans ces régions, sont mélangés, et
même que des dépôts à faune essentiellement différente alternent.
Ainsi, dans la Haute-Marne, à Saint-Ansiau, on trouve, dans le
bas, les couches de Birmenstorff, puis les calcaires à *cidaris
florigemma*, du corallien, et plus haut, les couches de calcaires
à faune de Birmenstorff réapparaissent. Cependant, malgré cette
alternance de deux dépôts partout bien distincts, M. Tombeck
n'hésite pas à faire le tout argovien ou oxfordien supérieur. D'un
autre côté, à Viel Saint-Rémy, on trouve fréquemment des ba-
guettes de *cidaris florigemma* avec l'*am. cordatus* ; de même,
on voit le *glypticus hieroglyphicus* descendre assez bas dans
l'argovien.

A Lévigny, près de Mâcon, dit M. Tombeck, on retrouve
l'*am. bimammatus*, l'*am. marantianus*, l'*am. tricristatus*, attes-
tant la zone à *am. bimammatus*; et d'autre part, les *am. poly-
gyratus, am. palissyanus* et *am. fialar*, qui s'y rencontrent également, démontrent que là aussi existe la zone à *am. tenuilobatus*.

Toutefois, si ces deux zones sont ordinairement, à Crussol par
exemple, distinctes l'une de l'autre, la distribution des fossiles à
Lévigny me porte à penser que, dans cette localité, il n'est guère
possible d'établir entre elles une limite précise de démarcation.

Dans tous les cas, ce qui précède montre que les couches qui,
à Lévigny, paraissent représenter la zone à *am. tenuilobatus*,
appartiennent à un niveau bien inférieur au calcaire à astartes et
au kimméridgien, où les géologues suisses et allemands placent
cette même zone, de même qu'elles sont supérieures à l'argovien,
où les géologues du Midi croient devoir la faire descendre. En
réalité, la zone à *am. tenuilobatus* ou à *am. polyplocus*, ou en-

core à *am. acanthicus*, est à la partie supérieure des couches de Geissberg.

L'école allemande, considérant la zone de l'*am. tenuilobatus* comme kimméridgienne, par conséquent comme supérieure au corallien dicératien du Nord, a dù rejeter en dehors de la formation jurassique le klippenkalk de Stramberg, et elle en a fait son étage tithonique. La divergence des opinions entre l'école allemande et l'école française vient de ce point de départ, cette dernière mettant, avec raison, la zone à *am. tenuilobatus* au-dessous du corallien inférieur à *glypticus hieroghyphicus* ; l'autre, la plaçant au-dessus, comme nous venons de le dire. Or, à Lémenc, la zone à *am. tenuilobatus* est au-dessous du corallien à *cidaris glandifera, cidaris pilleti, terebratula moravica, glypticus loryi*, etc. Et voilà pourquoi, pour les uns, les calcaires des carrières de Lémenc sont à la partie supérieure de l'oxfordien, tandis que pour les autres, ils représentent le kimméridgien.

Dans les dépôts supérieurs de ces calcaires de Lémenc, on trouve un fossile très caractéristique des terrains crétacés inférieurs, à ce point que pendant un certain temps on a cru qu'on ne pouvait le trouver que dans les dépôts de la craie inférieure ; je veux parler de la *terebratula janitor*.

Aujourd'hui, on sait que ce fossile n'est pas si bien cantonné ; on le trouve, en effet, avec une autre térébratule trouée, la *tereb. diphya*, qui est peut-être la même, à divers niveaux dans les terrains jurassiques supérieurs, aussi bien que dans le néocomien. La *tereb. nuelcata* des couches de Birmenstorff peut être considérée comme un avant-coureur des térébratules trouées des contrées alpines. La *tereb. janitor* est un fossile qui a subi son évolution comme tant d'autres. Elle ne paraît plus pouvoir être prise comme caractéristique d'un horizon spécial.

Nous croyons donc, avec M. Hébert, professeur de géologie à la Sorbonne, que la zone à *am. tenuilobatus*, ou à *am. polyplocus*, ou encore à *am. acanthicus* de Lémenc, appartient à l'oxfordien supérieur.

D'après cela, les assises une et deux de notre coupe de Lémenc appartiennent à l'oxfordien supérieur ; trois et quatre au corallien ; cinq au terrain crétacé inférieur.

Excursion du jeudi 15 avril 1880

Les terrains de la Cluse, de Saint-Saturnin aux prés Montbasin

A Lémenc, les terrains jurassiques se terminent par un calcaire blanc et une sorte de brèche avec : *terebratula moravica, rhynchonella lacunosa, belemnites pilleti, cidaris glandifera, cidaris blumenbachi, cidaris coronata, glypticus loryi*, etc., fossiles appartenant au terrain corallien.

Les premiers bancs de ce calcaire blanc forment une très bonne pierre à bâtir ; nous les avons déjà signalés à la carrière de la Visitation ; on les retrouve, dans le haut, de chaque côté de la Cluse de Saint-Saturnin.

Des Barandiers à la Croix-de Saint-Saturnin, on voit de bas en haut :

1º Un calcaire gris avec *amm. polyplocus, amm. tenuilobatus, amm. acanthicus*, etc. ;

2º Un calcaire lithographique moucheté de points roses et noirs, avec grands *aptychus imbricatus*, etc. ;

3º Un calcaire blanc avec *cidaris glandifera*, etc. ;

4º Et au-delà de la Croix, dans le ravin, un calcaire argileux sur l'horizon des marnes et des calcaires à ciment.

Au nord de la Cluse de Saint-Saturnin sont les premiers gradins du Nivolet. Dans le haut des falaises dominant immédiatement la plaine de la Croix-Rouge, on trouve une dolomie se délitant facilement et donnant naissance à une sorte de sable.

Cette dolomie recouvre le calcaire blanc à *cidaris glandifera* ; elle est, à son tour, recouverte par une brèche formée de rognons de calcaire noir et de morceaux d'ammonites appartenant au jurassique.

Vers la maison d'école de Verel-Pragondran, toutes ces assises sont recouvertes par des calcaires marneux, très argileux et à fossiles de la zone à *belemnites latus* du crétacé inférieur.

De nombreux blocs ou cailloux de schistes cristallins, micaschistes et talcschistes, de gniess, etc., amenés de la Maurienne ou de la Tarentaise par les glaciers quaternaires, recouvrent ces différents dépôts.

Ces blocs erratiques ne sont pas les seuls témoins du passage des glaciers à Lémenc ou à Saint-Saturnin ; çà et là on trouve des boues glaciaires ou des roches striées, cannelées, polies.

Nous verrons plus tard qu'alors une masse de glace de plus de mille mètres d'épaisseur recouvrait toute la plaine de Chambéry.

Un peu à l'est de Verel, les calcaires marneux de la zone à *belemnites latus* disparaissent.

On rencontre, en effet, une falaise formée par le calcaire lithographique du calcaire de Lémenc et par un calcaire blanc rappelant celui de la carrière de la Visitation ; puis on a un calcaire gris, très argileux et situé sur l'horizon des calcaires à ciment de Montagnole.

Enfin, au hameau de Raseray et aux prés de Montbasin, on trouve les calcaires marneux de la maison d'école de Verel-Pragondran. On a donc ici une faille.

Cette fracture ou faille va du mont de Joigny à Pragondran.

Au-dessus du Pas-de-la-Fosse, on remarque une forte échancrure dans le mont de Joigny : bientôt cette échancrure s'élargit et forme une petite vallée ; les lèvres ne restent plus sur le même plan, la partie Est s'élève tandis que l'ouest s'affaisse.

A Pierre-Grosse, sur la partie Est, apparaissent les calcaires jurassiques du plateau de Lémenc ; à l'ouest, dans le ruisseau, sont les calcaires à ciment et la lumachelle de Montagnole.

Cette fracture se prolonge au nord, passe par Bassens, Verel, et se termine par les premiers gradins du Nivolet au-delà de Pragondran.

Les calcaires marneux des prés de Montbasin sont riches en fossiles de la zone à *belemnites latus*. Ils sont recouverts par les calcaires du Fontanil.

Ces derniers, roux à la surface, fournissent de bonnes pierres de construction, bien qu'un peu gélives. On y trouve : *pygurus rostratus, pholadomya elongata, amm. cryptoceras*, et au Nivolet, à leur partie inférieure, de nombreux brachiopodes, formant un horizon fossilifère important découvert par l'abbé Vallet.

Ces calcaires dits du Fontanil caractérisent la base du terrain crétacé dans le Jura méridional ; dans la zone subalpine, ils recouvrent toujours les calcaires marneux de la zone à *belemnites latus*.

Le plus grand développement de ces calcaires est sur la ligne du Fontanil, dans l'Isère, à Chambéry.

Ils forment un crêt très saillant et très marqué qui commence aux carrières du Fontanil, s'élève entre Chevallon et Saint-Martin-de-Cornillon, constitue les cimes de la Sure, les roches de Petite-Vache, du pont Saint-Bruno, le sol du bois de Saint-Christophe-entre-deux-Guiers, du mont Cochette, du mont Pellaz, du mont de Joigny, du Nivolet, pour aller vers le mont des Ramées et bien au delà.

Excursion du 22 avril 1880

Les calcaires à ciment de Montagnole

Les couches supérieures du plateau de Lémenc s'avancent vers le sud en forme de patte d'oie. De telle sorte qu'en partant de l'ouest, par exemple de l'église de Jacob, et en se dirigeant vers l'Est, on rencontre trois petits mamelons jurassiques : 1° celui de la cascade de Jacob ; 2° celui des Charmettes ; 3° celui de Pierre-Grosse, lequel s'enfonce à l'Est sous les terrains crétacés de la falaise nord du Pas de la Fosse.

Au chemin des Charmettes, situé à environ deux kilomètres au sud-est du clos de la Visitation, on trouve de bas en haut :

1° Un calcaire lithographique et un calcaire marneux correspondant aux couches inférieures de la carrière de la Visitation ;

2° Un calcaire bréchoïde, très bouleversé, avec *cidaris glandifera,* etc.;

3°. Des marnes et des calcaires d'une teinte bleuâtre, en stratification également confuse; c'est l'horizon des calcaires et marnes à ciment ;

4° Un calcaire grossier, très dur, en couches disloquées à l'état de lumachelle. C'est le calcaire grossier de Montagnole ;

5° Des marnes et des calcaires appartenant à la zone à *belemnites latus.*

Les marnes et les calcaires à ciment sont pauvres en fossiles, on y trouve quelques térébratules, de rares ammonites à caractères crétacés plutôt que jurassiques. Mais si nous prenons les fossiles qui se trouvent dans le calcaire grossier et qui recouvrent par conséquent les calcaires à ciment, nous allons trouver une faune coralligène. Ainsi, on y rencontre : *belemnites pilleti ;* des *radioles de cidaris coronata ;* d'*hemicidaris crenularis ;* des *crinoïdes,* à savoir : *pentacrinus cingulatus, eugeniacrinus hoferi, apiocrinus flexuosus,* etc.

Tout cela nous indique que nous sommes ici dans un terrain de passage. Ce calcaire grossier et ces couches à ciment sont, en effet, recouverts en concordance par les marnes de Berrias. Il semble que tous ces dépôts se soient succédé sans mouvement brusque de la part du sol à ces époques géologiques. Au sud du chemin des Charmettes est le plateau des Charmettes. On y trouve des carrières avec les mêmes terrains. Plus au sud encore, on rencontre le ruisseau de la cascade de Jacob. Ce ruisseau descend du mont de Joigny dans une immense crevasse allant en réalité, nous l'avons déjà dit, du mont de Joigny à la base du Nivolet. Ce ruisseau rencontrant bientôt une fente transversale, change de direction et vient former à l'ouest la cascade de Jacob. Là, on retrouve les dernières couches du calcaire de Lémenc ; elles se prolongent à l'Est et sont recouvertes par le calcaire blanc à *cidaris glandifera*.

Au sud des carrières de Bellecombette, le ruisseau de Jacob est très encaissé, et, en s'élevant vers Montagnole, on rencontre :

1° Un calcaire noduleux avec matières charbonneuses à la surface ;

2° Un calcaire à structure bréchoïde avec polypiers et *cidaris glandifera* ;

3° Une brèche avec fragments d'ammonites ; cette brèche est au sommet du mamelon, vers les peupliers ;

4° Cette brèche est recouverte dans le bois de chênes par le calcaire grossier ; on ne voit pas ici les marnes à ciment.

A l'Est de ces derniers dépôts, le calcaire grossier est très développé. On le rencontre sur tous les versants Est des rochers, des collines, des mamelons situés entre ce point et le hameau de Chanaz.

En remontant le ruisseau de Jacob, à partir de Pierre-Grosse, on trouve à 700 ou 800 mètres du moulin :

1° Un calcaire gris, compacte, appartenant au corallien ;

2° Des marnes et des calcaires bleus, en couches dirigées au nord-nord-est, en concordance avec le calcaire corallien ; ce sont les marnes et les calcaires à ciment ;

3° Une lumachelle ou le calcaire grossier de Montagnole.

Avec la coupe du chemin des Charmettes, c'est un des points les plus favorables pour bien voir l'ordre de superposition des calcaires coralliens, des calcaires à ciment et de la lumachelle du calcaire grossier.

Pierre-Grosse est un énorme rocher situé à l'Est du moulin de la Coche. Les couches des calcaires jurassiques y sont très contournées. On dirait que, sous un effort puissant et lent cependant, elles ont cédé comme le font les fibres d'une branche de bois vert que l'on essaie de casser.

Sur ce rocher on retrouve les marnes à ciment et la lumachelle de Montagnole.

Si, de Pierre-Grosse, on se dirige à l'ouest, on rencontre
immédiatement, dans les vignes, de nombreux dépôts de la
lumachelle du calcaire grossier ; ensuite vient une petite
plaine et au-delà le plateau de Montagnole. L'église de ce
village repose sur la lumachelle du calcaire grossier,et plus
bas on rencontre les marnes et les calcaires à ciment, et de
nouveau la lumachelle ; si bien que l'on dirait qu'en ce
point, les calcaires à ciment sont intercalés dans la lumachelle du calcaire grossier. Et non seulement cela paraît
évident, mais il semble encore que ces calcaires et ces marnes à ciment pénètrent tout naturellement sous les calcaires jurassiques. Nous nous trouvons donc en présence d'un
accident géologique les plus curieux.

Au pied ouest du mamelon de Saint-Cassin passe la grande
faille d'Entremont. Ici, comme dans la petite faille signalée à
Pierre-Grosse, c'est la lèvre Est qui porte les terrains les plus
anciens et, par suite, a dû se relever, tandis que la lèvre ouest
s'est affaissée. Dans le voisinage de cette énorme cassure, les
terrains ont dû être soumis à un effort latéral considérable.
Alors ceux composant le mamelon de l'église de Montagnole
ayant été plissés en A très aigu, ont cédé à l'angle et se sont
complètement retournés, d'où l'anomalie indiquée plus haut.
Dans le bas du vallon des Courriers, à Entremont, on trouve, au
rocher supportant les ruines d'un château-fort, un plissement
des couches jurassiques semblable à celui du plateau de Montagnole. Au vallon des Courriers, cet accident se présente également sur la lèvre Est de la faille d'Entremont.

Ce plissement des couches à ciment et de la lumachelle se
prolonge au sud. Cette action de répulsion latérale s'est fait sen-
tir sur tout le plateau de Montagnole, et elle est sans doute la
cause de l'apparition des trois mamelons jurassiques indiqués
plus haut.

Au sud de Montagnole, les couches à ciment et la lumachelle
du calcaire grossier sont recouvertes par les marnes de la zone
à *belemnites latus*.

Des faits constatés au plateau de Montagnole, on peut conclure :

1º Le corallien du plateau de Lémenc n'est pas cantonné en
un petit îlot. Il se prolonge vers Bellecombette et constitue sur
tout le littoral Est de la faille d'Entremont un horizon constant ;

2º Sur ces calcaires coralligènes est une série de bancs de calcaires et de marnes à ciment jusqu'à présent pauvres en fossiles
et sans caractères bien nets ;

3° Les calcaires et les marnes à ciment sont recouverts par des bancs de calcaire grossier à l'état de lumachelle ;

4° Enfin, cette lumachelle est recouverte par des marnes à fossiles de la zone à *belemnites latus*.

Les marnes et les calcaires à ciment de Montagnole paraissent correspondre à ceux de la Porte-de-France, à Grenoble. En effet, ici les dépôts du jurassique supérieur se présentent comme il suit :

1° Calcaires traversés par de nombreux filons de carbonate de chaux hydraulique, avec fossiles de l'oxfordien supérieur ;

2° Calcaires lithographiques avec la faune d'Aizy, de Stramberg, et calcaires à *terebratula diphya* ;

3° Calcaires et marnes à ciment, comprenant :

a. Quatre bancs tenant environ 18 0[0 d'argile. . . .   1^{m}40
b. Première petite couche à ciment. 1 20
c. Calcaire à 21 0[0 d'argile 0 80
d. Deuxième petite couche à ciment 1 25
e. Calcaire à 21 0[0 d'argile 1 60
f. Grande couche à ciment 4 00
g. Couches à chaux hydraulique 2 60
h. Calcaires tenant 10 à 12 0[0 d'argile 10 00

Total des couches à ciment. . . .   22^{m}85

Aux environs de Chambéry, dans le ruisseau de la cascade de Jacob, entre le moulin de la Coche et la route du Pas de la Fosse, on trouve :

1° Calcaires jurassiques ;

2° Calcaires et marnes à ciment, comprenant :

a. Des calcaires ayant 12 à 15 0[0 d'argile. . . . .   8^{m}00
b. Calcaires en gros bancs, 15 à 18 0[0 d'argile. . .   4 00
c. Calcaires en petites couches, 12 0[0 d'argile. . . .   10 00
d. Calcaires à ciment. 5 00
e. Calcaires en petites couches, 8 à 10 0[0 d'argile. . .   7 00

Total. . . . . . .   34^{m}00

3° Lumachelle et calcaire grossier ; épaisseur très variable.

A Pierre-Grosse on a :

1° Calcaires lithographiques à faune d'Aizy ;

2° Calcaires blancs ;

3° Calcaires et marnes à ciment, épaisseur très variable ;

4° Lumachelle et calcaire grossier ;

5° Marnes et calcaires de la zone à *belemnites latus*.

A la carrière à ciment de Montagnole, au lieu dit le Puisat, les couches inclinent à l'ouest par suite d'une petite faille locale ; elles sont en gros bancs dans le bas et riches en argile. On y trouve les ammonites de la faune de Berrias.

Dans le bas nord de l'église de Montagnole, les couches à ciment sont repliées et paraissent intercalées entre deux niveaux de lumachelle à calcaire grossier. Aux Charmettes, les marnes à ciment, très bouleversées, reposent sur les calcaires jurassiques.

Enfin, au plateau de Lémenc on trouve :

1° Calcaires à fossiles de la zone à ammonites *polyplocus ;*

2° Calcaires lithographiques à faune d'Aizy ;

3° Calcaires blancs et brèche à *cidaris glandifera, terebratula moravica,* etc.

4° Des calcaires blancs en petites couches pauvres en fossiles, et une brèche à nombreux fragments d'ammonites. On la trouve vers l'ancien tir; mais elle est plus développée sur les falaises ouest de Verel, faisant suite au plateau de Lémenc. On la rencontre également dans le même ordre stratigraphique entre le ruisseau de Jacob et l'église de Montagnole ;

5° Et, vers le versant Est de Clusaz, on a des calcaires et des marnes à ciment. On n'y a pas encore trouvé la lumachelle de Montagnole ; mais dans le haut, on trouve les calcaires et les marnes à fossiles de la zone à *belemnites latus.*

Il résulte donc de cette étude des terrains inférieurs des Charmettes, de Montagnole et de Pierre-Grosse, que l'horizon des calcaires à ciment recouvre immédiatement les calcaires blancs à faciès coralligène. Ces calcaires blancs manquent à la Porte-de-France, mais on les retrouve à Aizy. A la Porte-de-France, les couches à ciment reposent immédiatement sur les calcaires lithographiques à grands *apthychus* correspondant sans doute aux calcaires lithographiques du Calvaire de Lémenc. A la fin des temps oxfordiens et pendant les temps coralliens, toute cette partie de Grenoble à Chambéry était un rivage. La mer formait des baies, des anses où de faibles dépôts devaient se faire ; les environs de Chambéry étaient un golfe, Grenoble un promontoire. A Chambéry, les couches du jurassique se prolongent jusqu'à l'époque corallienne ; à Grenoble, aucun dépôt corallien ne s'est fait. Puis, au commencement de la période crétacée, un affaissement général sur toute cette partie de Grenoble à Chambéry a dû se produire, un grand golfe s'est formé et de nombreux dépôts vaseux s'y sont produits. Plus tard, vers Chambéry, un léger exhaussement ayant eu lieu, les dépôts sont redevenus côtiers; aussi trouve-t-on sur les calcaires à ciment une lumachelle à faciès coralligène. Finalement, la mer a envahi pour longtemps les environs de Chambéry pour y former les marnes de Berrias, les calcaires du Fontanil, les marnes à spatangues et les calcaires à chames. On admettra donc que les calcaires à ciment de Montagnole représentent comme horizon géologique les calcaires à ciment de la Porte-de-France. S'il en est ainsi, ils représentent la base du terrain crétacé. Dans tous les cas, ils constituent essentiellement une zone de passage.

Excursion du 29 avril 1880

Les montagnes de Barby, de Curienne, de Chignin et du Guet

A la montagne de Crussol, située dans la Drôme, au-dessus de Valence, on trouve de bas en haut : 1o le granit ; 2o des grès appartenant sans doute au trias ; 3o des calcaires et des marnes avec *am. bifrons, am. serpentinus*, etc., du lias ; 4o un banc de grès de 0^{m}40 environ d'épaisseur, avec nombreux débris d'encrines et nombreuses térébratules : c'est sans doute le représentant du groupe oolithique ; 5o une couche très mince à oxyde de fer et *am. macrocephalus, am. hecticus*, etc., représentant le callovien ; 6o des calcaires et des marnes à posidonies, puis des calcaires noirs, argileux, avec *am. bakeriæ, am. perarmatus, am. cordatus, am. plicatilis, am. tortisulcatus, bel. hastatus*, etc., appartenant à l'oxfordien. Dans le haut, les calcaires sont compactes, grisâtres et exploités comme pierres de taille. Ainsi, à Crussol, l'oolithe inférieure et la grande oolithe, si bien développées dans le bassin de Paris et le Jura, sont représentées par une couche ayant tout au plus 0^{m}40 d'épaisseur.

Dans la zone subalpine, ces dépôts du groupe oolithique manquent ou sont très peu développés. On voit l'oxfordien succéder immédiatement aux calcaires noirs, fissiles, du lias, appelés encore schistes argilo-calcaires à bélemnites.

M. Lory divise l'oxfordien de la zone subalpine en plusieurs assises ; ce sont, en allant de haut en bas :

1o Calcaires marneux supérieurs à ciment de la Porte-de-France ;

2o Calcaires compactes dits de la Porte-de-France ;

3o Calcaires marneux moyens ;

4o Marnes à géodes ;

5o Schistes à posidonies ;

6o Calcaires marneux de Corenc. Ces derniers dépôts représentent sans doute le callovien, c'est l'assise sous-oxfordienne de M. Lory.

Pour l'étude que nous devons faire des montagnes de Barby, de Curienne, de Chignin et au-delà vers Saint-Pierre d'Albigny et Grésy-sur-Isère, il est nécessaire d'entrer dans quelques détails au sujet de ces différentes assises de l'oxfordien.

Ces calcaires marneux à ciment sont à pâte très fine, toujours bitumineux, en couches peu épaisses.

Aujourd'hui, les calcaires à ciment sont généralement considérés comme appartenant au crétacé supérieur. En effet, dit M. Hébert, M. Pictet a constaté que la faune du calcaire à ciment de Grenoble et de Chambéry était la même que celle des calcaires néocomiens inférieurs aux marnes à bélemnites plates.

La proportion d'argile est variable depuis 6 ou 8 0|0 jusqu'à 30 0|0 et plus. Les fossiles sont rares ; citons : *tereb. diphya*.

Les calcaires dits de la Porte-de-France sont à pâte fine, peu ou point argileux, d'un brun enfumé, couleur que le feu détruit. Ils donnent une chaux grasse à peu près pure, et ont de 100 à 200 mètres d'épaisseur. On y trouve : *aptychus latus, aptychus lamellosus, aptychus imbricatus, am. plicatilis, am. tortisulcatus, tereb. diphya,* etc.

Les calcaires marneux moyens donnent une bonne chaux hydraulique ou du ciment ; les bancs à ciment sont vers le milieu ou le tiers inférieur de cette assise, ils renferment du sulfure de fer qui, par la cuisson, forme de l'oxyde de fer inerte et du sulfate de chaux favorable à la prise au premier moment, mais nuisible à la durée du ciment. Ces calcaires renferment : *bel. hastatus, am. plicatilis, aptychus latus, aptychus lamellosus,* etc.

Les marnes à géodes sont ainsi nommées à cause des rognons formant géodes avec cristaux de calcaire spathique et de quartz limpide à double pyramide. On y trouve également des nodules de pyrite, souvent altérés et représentant des moules d'ammonites. Les fossiles y sont rares ; ce sont : *am. plicatilis, am. tortisulcatus,* etc.

Les schistes à posidonies sont noirs, feuilletés, avec paillettes de mica. Leur épaisseur est très grande ; les fossiles y sont rares ; on peut citer : *am. coronatus, am. lunula, am. tripartitus,* et les posidonies. Ces calcaires schisteux, micacés, caractérisent la partie inférieure de l'oxfordien.

Lorsqu'on remonte le cours de l'Isère, à partir de Grenoble, on trouve l'oxfordien sur la rive droite et le lias sur la rive gauche. Cependant, au fort Barraux, comme à l'église de Corenc, on voit le contact du lias avec des assises appartenant peut-être au groupe oolithique de la montagne de Crussol. D'après M. Pillet, le même fait se voit aussi à la Table, en Savoie. Mais, en général, le groupe oolithique manque dans la zone subalpine. En Savoie, on peut étudier, à Grésy-sur-Isère, le passage entre le lias et les assises oxfordiennes. Ici, les dépôts se présentent comme dans la vallée du Drac. On y trouve, en effet, les différentes assises oxfordiennes énumérées plus haut. Le lias et l'oxfordien continuent de Grésy-sur-Isère à Ugines et d'Ugines au-delà de la Giettaz, comme nous l'indique la belle carte géologique de la Savoie de MM. Lory, Pillet et Vallet.

Les montagnes de Curienne, de Chignin, de Saint-Pierre d'Albigny, etc., appartiennent à une grande voûte jurassique, rompue à l'Est, à partir de St-Jeoire, mais presque entière de St-Jeoire au Sordet. Au-dessus de Barby, les rochers sont formés par les calcaires compactes, mouchetés de points roses et noirs avec nombreuses belemnites carrées rappelant *bel pilletti*, et de grands *aptychus imbricatus*. En tournant la montagne vers Sordet, Le Plat, à la Roche, Curienne, Vachet et Boyard, on retrouve les mêmes dépôts ; la pierre de Curienne appartient à ces assises ; en réalité, ce sont celles du Calvaire de Lémenc et de la Porte-de-France. De Boyard à St-Jeoire, la voûte est rompue, et de part et d'autre de cette cassure dirigée sensiblement nord-sud, on rencontre les dépôts inférieurs aux calcaires compactes, mouchetés de points roses et noirs. Ce sont des calcaires argileux, noirs, avec sulfure de fer. Ces calcaires présentent, surtout dans le haut, de nombreux bancs de calcaires marneux, se ravinant facilement et alors pauvres en fossiles. Dans les premiers on trouve : *am. polyplocus*, *am. plicatilis*, *am. tortisulcatus*, *am. compsus*, *aptychus latus*, *aptychus lamellosus* et de petits *aptychus imbricatus*. etc. Toute cette masse de calcaires compactes, de calcaires noirs, argileux, de calcaires marneux, représente la zone de l'*am. polyplocus*. On les retrouve sur la route de Boyard à Montoux, vers la Thuile ; entre Boyard et Montoux, en face du rocher de la Combe-Noire, les fossiles sont très abondants dans les calcaires compactes. Au sud de Montoux et du petit hameau de Nicoday, les roches oxfordiennes forment un grand pli en creux et disparaissent sous des calcaires marneux très argileux. Je n'ai pu y trouver de fossiles dans le bas, mais vers le haut ils renferment la faune du Berrias.

Du hameau de Nicoday, un petit col nous sépare de Chignin et de Tormery. Sur le versant nord de ce col sont de nombreux pâturages, grâce à la présence de calcaires marneux ; mais sur le versant sud, la voûte est rompue et les assises de calcaires et de marnes forment une immense falaise. On rencontre d'abord, vers le haut, les calcaires compactes avec les fossiles déjà indiqués ; puis les calcaires marneux, argileux, noirs, avec *am. tortisulcatus*, et *am. polyplocus*. Sur ces calcaires noirs sont des calcaires schisteux, en petits feuillets, avec paillettes de mica, alternant avec de petits bancs de calcaires noirs ; je n'y ai trouvé aucun fossile ; mais ces calcaires, par leur aspect minéralogique et leur position stratigraphique, représentent les marnes à géodes et les schistes à posidonies de le vallée du Drac. Enfin, ces calcaires, qui ont ici une grande épaisseur, recouvrent des calcaires schisteux, bleus à la surface, noirs à l'intérieur et rappelant le lias de Grésy-sur-Isère ou des tours de Montmayeur. J'y ai trouvé un fragment de belemnites. Dans cette falaise d'au moins 600 mètres, j'ai cherché vainement les calcaires à *hexactinellides* de Chanaz. La zone à *am. polyplocus* y est très bien caractérisée ; pour le reste, les fossiles paraissent être beaucoup plus rares. Néanmoins, il me semble que la présence des schistes à paillettes de mica et des calcaires noirs alternant avec eux, au-dessus de Chignin, méritent d'attirer tout spécialement notre attention. Quoi qu'il en soit, il importe de noter que nous avons là, sur une très grande épaisseur, les assises inférieures au Calvaire de Lémenc.

Excursion du 6 mai 1880

Le bathonien et les environs de Chanaz

A Chanaz, la coupe des terrains du bord du Rhône au lac du Bourget donne :

1° Le bathonien à *am polymorphus, am. bullatus, am. interruptus*, etc ;

2° Le callovien avec *am. macrocephalus, am. anceps*, etc. ;

3° Les couches de Birmenstorff avec *am. transversarius*, etc. ;

4° Les couches d'Effingen avec *am. canaliculatus, am. tortisulcatus*, etc. ;

5° Peut-être les couches de Geissberg ;

6° La zone de passage ou à *am. polyplocus ;*

7° La base du corallien formée par des calcaires gris à *tereb. insignis ;*

8° La partie supérieure du corallien formée par de la dolomie et un calcaire blanc à polypiers et *diceras arietina ;*

9° Le Purbeck ;

10° Les calcaires du Fontanil ;

11° Les calcaires marneux, roux, à *ostrea macroptera ;*

12° Les calcaires et les marnes à *echinospatagus cordiformis ;*

13° Les calcaires jaunâtres très durs, à *chama ammonia.*

2

La faille d'Entremont passant au col de Léliaz, à Chambéry, à Méry, etc., sépare le Jura méridional des premiers gradins des Alpes. Les carrières de Chanaz appartiennent à la chaîne du Mont-du-Chat et de l'Epine, laquelle fait partie des collines du Jura méridional. Dans la zone subalpine, les assises des terrains supérieurs sont repliées en V, c'est-à-dire que les terrains sont disposés en plis concaves. Dans les collines du Jura, au contraire, les assises sont repliées en Λ, elles forment donc des plis convexes.

On divise les terrains jurassiques inférieurs, en allant de bas en haut, de la manière suivante : infrà-lias, lias, oolithe inférieure et grande oolithe; ou, d'après Alcide d'Orbigny : sinémurien, liasien, toarcien, bajocien et bathonien. A Chanaz, on trouve la grande oolithe ou bathonien. Il est souvent difficile, dans nos régions, de séparer le lias de l'oxfordien, à plus forte raison l'oolithe inférieure de la grande oolithe. Une étude attentive de ces dépôts dans le bassin de Paris a cependant permis d'y faire plusieurs divisions. On trouve pour l'oolithe inférieure : la zone à *am. murchisonœ*, la zone à *am. humphriesianus*, puis des calcaires à *polypiers;* pour la grande oolithe : la zone à *am. arbustigerus*, la zone à *oolithe miliaire*, puis la zone à *tereb. cardium* et *terebratula digona.*

Il est à remarquer que le terrain jurassique est formé de calcaires, d'argiles ou de marnes. Les masses calcaires sont des collines et les masses argileuses des vallées. Ainsi, l'oolithe supérieure et l'oolithe inférieure sont en général placées l'une sur l'autre et constituent le premier relief; on a ensuite une vallée due à l'oxfordien, puis une deuxième ceinture formée par le coral-rag, et une deuxième vallée formée par le kimméridgien, et enfin un troisième relief dû aux calcaires du Barrois. De plus, on constate que toutes ces couches sont coupées par de nombreuses failles.

L'ensemble de l'oolithe inférieure et de la grande oolithe est un calcaire alternant avec des parties marneuses. Leur structure est souvent oolithique, c'est-à-dire à grains ronds. Ces grains ont quelquefois la grosseur d'un pois, d'une noisette ou d'un grain de millet, d'où le nom d'oolithe miliaire.

Dans la zone méditerranéenne, on ne trouve pas les dépôts oolithiques ; si on les rencontre, ils sont réduits à de très faibles épaisseurs.

L'oolithe inférieure et la grande oolithe représentent une époque de grossissement des golfes.

En Normandie, les deux étages sont bien distincts ; c'est une formation littorale. L'oolithe inférieure y occupe trois zones, et les deux premières correspondent à celles indiquées plus haut. La zone à *am. murchisonœ* est formée par des sables et un ensemble de couches de calcaires ferrugineux. A Bayeux, on la trouve avec l'*am. gervillei*, l'*am. interruptus*, l'*am. murchisonœ*, *belemnites giganteus*, etc. Puis vient une oolithe blanche peu ferrugineuse, avec les mêmes céphalopodes, beaucoup de polypiers et de spongiaires. La zone inférieure de cet ensemble est souvent siliceuse, avec silex ou jaspe surmonté de calcaires à entroques.

Les couches qui correspondent à l'oolithe de Bayeux sont peu visibles dans l'Est de la France, surtout le calcaire à entroques; il est remplacé par un calcaire à polypiers plus ou moins argileux. Leur épaisseur va en augmentant du département de l'Yonne à celui des Ardennes. Ainsi, à Avallon elles ont 40 mètres; à Metz, 70 mètres; à Mézières, 100 à 150 mètres. Remarquons que sur tout ce parcours, l'oolithe inférieure manque quelquefois. Ailleurs, dans le Boulonnais, par exemple, elle repose sur le terrain carbonifère.

La grande oolithe présente un beau développement de roches calcaires donnant le plus souvent des pierres de taille d'une grande valeur. En Normandie, elle est séparée de l'oolithe inférieure par l'usure des dernières couches de celle-ci.

La première assise de la grande oolithe est généralement marneuse, avec *am. arbustigerus*, *am. polymorphus*..., des bélemnites et l'*ostrea acuminata*. En Angleterre, cette assise correspond à la terre à foulon ou *fuller's earth*. C'est le calcaire de Caen, où cette couche a de 30 à 35 mètres d'épaisseur. On y trouve des ichthyosaures, des plésiosaures, des mégalosaures et un grand nombre de poissons. A Nevers, cette zone est très riche en ammonites. A Montmédy, elle a 60 mètres; on la voit peu dans l'ouest et manque souvent dans la Sarthe. Au-dessus de cette première zone est l'oolithe miliaire avec *rhynchonella spinosa*, *rhynchonella decorata*, etc.; sur l'oolithe miliaire vient la zone à *tereb. cardium*, alternant avec des calcaires oolithiques ou grenus. Ces zones correspondent aux divisions anglaises, le bradford-clay, le forest marble et le cornbrash. Remarquons que ces mots ne désignent que des subdivisions tout à fait locales. Le forest marble correspond à la dalle nacrée du Jura. En Normandie, cette assise consiste en couches de calcaires ayant environ 15 mètres d'épaisseur, avec le calcaire à polypiers de Luc et de Grandville à *tereb. cardium*, *tereb. digona*, des radiaires, des échinides et beaucoup de bryozoaires. Dans le Boulonnais, on trouve encore le cornbrash. On peut dire que déjà les bassins commençaient à se combler et que l'affaissement se localisait de plus en plus. Dans cet étage, il y a des faciès locaux remarquables tels sont, les calcaires

schisteux de Stonesfield, dans lesquels on a trouvé quatre espèces de petits mammifères représentés par les mâchoires inférieures. Trois de ces mammifères sont didelphes, le quatrième est
un pachyderme et le tout est accompagné de trigonies, de
plantes, etc. Dans le comté d'Iorck, les couches du même âge
renferment de la houille : on y voit l'*equisetum columnare* voi-
sin de l'*equisetum arenaceus.*

Dans le Poitou, les plateaux sont formés par la grande oolithe ; il en est de même dans le sud-ouest et jusque dans l'Aude,
où les assises oolithiques ont une grande surface. Bientôt la distinction des assises s'efface ; c'est ce que l'on voit, par exemple, à Milhau (Aveyron.) Ce groupe tourne vers le Gard et l'Ar-
dèche, où il s'amincit beaucoup. A Crussol, au-dessus de Valence,
il n'y en a presque plus, ainsi que nous avons déjà eu l'occasion
de le constater. Dans la région des Alpes, on rencontre beaucoup
d'endroits où manque l'oolithe. En partant du Var pour aller vers
Digne, l'oolithe change considérablement d'aspect, et bientôt
on ne trouve aucune distinction entre le lias, l'oolithe et l'oxfordien. A travers les Hautes-Alpes et l'Isère, on ne voit aucun
représentant de la grande oolithe jusque vers les environs de
Grenoble, où l'on en trouve un rudiment. Ainsi le dépôt oolithique a été de ce côté très irrégulier. Dans les Alpes Bernoises,
on connaît le lias dans les parties voisines de la chaîne Suisse, et
du côté opposé à l'Oberland, on a des couches noires avec fossiles de la grande oolithe. Ce qui indique un mouvement local du
sol.

En Suisse, sur le versant des Alpes, on trouve l'étage inférieur
du terrain jurassique ; mais il y est très bouleversé, et souvent
des assises manquent.

En Savoie, on trouve un lambeau de bajocien, d'après M.
Pillet, à la Table. Il recouvre immédiatement le lias alpin, et
l'on y trouve : *am. murchisonœ, am. sowerbyi,* etc. La présence du bajocien à la Table est un fait extrêmement important pour la géologie de la Savoie, et nous espérons que M. Pillet
voudra bien nous en donner une description détaillée. A Chanaz,
on trouve le bathonien. C'est à ces dépôts qu'appartient, en effet,
la première assise de la coupe de Chanaz, du Rhône au lac du
Bourget. Les terrains oolithiques forment ici une faible bande
triangulaire ; ils sont constitués par un calcaire siliceux, quelquefois en gros bancs, compactes, ou encore en petits bancs,
feuilletés. Les fossiles y sont assez nombreux ; nous citerons :
am. interruptus, am. polymorphus, am. bullatus, am. biflexuosus, etc. On y rencontre également de nombreux oursins, des
acéphales en quantité, etc. C'était un rivage.

Si le lias indique un affaissement général des mers, l'oolithe marque un exhaussement. A l'époque oolithique, la Savoie était sans doute une île ou une portion d'île. Nous venons de retracer à grands traits l'étendue de l'immense mer qui l'enveloppait, à l'ouest, au sud et à l'est, avec le reste des Alpes.

Sur ces dépôts du bathonien, on rencontre, à Chanaz, une couche de fer oolithique avec nombreux fossiles, à savoir : *am. macrocephalus. am. anceps, am. hecticus, am. backœriœ, am. jason, am. coronatus*, etc. Cette couche de minerai de fer oolithique appartient donc au callovien d'Alcide d'Orbigny.

On la retrouve à Lucey et à Saint-Jean de Chevelu. On estime que ce minerai peut donner au maximum 24,5 0⟋0 de fonte. Il est mêlé à du calcaire ; on pourrait donc s'en servir avantageusement comme de castine. Cette couche de minerai de fer hydraté oolithique est recouverte par des bancs de calcaires marneux appartenant aux couches de Birmenstorff, d'Effingen et de Geissberg, représentant l'argovien. Les fossiles des deux premiers horizons y sont assez abondants ; il n'en est pas de même pour les couches de Geissberg, qui ne sont peut-être pas représentées à Chanaz, bien qu'elles aient une vingtaine de mètres dans le bas Bugey. Puis, sur ces différents horizons on rencontre les couches de passage de la zone à *am. polyplocus*. Il importe de remarquer que les calcaires de cette zone rappellent ici complètement ceux du bas de la Cluse de Saint-Saturnin. On y trouve, en effet, les mêmes fossiles, tels que : *am. lothari, am. polyplocus, am. tenuilobatus, am. acanthicus*, etc.

A Chanaz, ces dernières couches sont recouvertes par une masse puissante de calcaires gris avec *tereb. insignis*. Ils forment les points élevés des montagnes de Chanaz avec les calcaires blancs à polypiers et *diceras arietina* qui les recouvrent. Le corallien se présente ici, ainsi que nous le verrons du reste plus e ndétail dans notre prochaine course, comme dans le bas Bugey. Enfin, les dépôts jurassiques se terminent à Chanaz par les calcaires d'eau douce du Purbeck sur lesquels reposent immédiatement les assises du crétacé inférieur.

Excursion du 13 mai 1880

Le Mont-du-Chat et le calcaire blanc à Dicéras arietina

Le bathonien de Chanaz se termine en pointe au sud-est de Lucey ; de là, le mont de Saint-Pierre et une grande masse de mollasse et d'alluvions nous séparent d'Yenne. La coupe d'Yenne au lac du Bourget, de l'ouest à l'Est, reproduit les principaux accidents de la chaîne du Mont-du-Chat et donne l'ordre de succession de tous les terrains de cette montagne.

La petite chaîne du Mont-du-Chat et la chaîne de l'Epine forment une grande voûte jurassique dirigée sensiblement nord-sud magnétique et rompue sur le versant ouest. Le mont de Saint-Pierre représente une petite voûte, un premier plissement au pied de la chaîne du Mont-du-Chat. A l'Est du Haut-Saumon, on rencontre sur le versant ouest du mont de Saint-Pierre le calcaire urgonien avec *chama ammonia* ; dans le haut, la voûte est rompue jusqu'aux couches à *echinospatagus cordiformis* ; et bientôt, sur le versant Est, on retrouve, inclinées en sens contraire, les couche de calcaire urgonien à *chama ammonia*. A mi-côte, sur ce versant Est, est une petite cassure ou faille qui met en contact, et inclinées en sens contraire, les couches du calcaire urgonien et du calcaire néocomien.

Au-delà, à l'Est, on remarque une petite plaine d'alluvions allant de Chevelu vers Billième et le Rhône, et sur le bord occidental on rencontre les marnes et les calcaires jurassiques. Il y a donc ici une faille assez prononcée pour aller du néocomien au jurassique ; c'est la faille de Billième, dirigée sensiblement du sud-est à nord-ouest, de Saint-Jean de Chevelu à Lucey. Sur les marnes et les calcaires jurassiques au-dessus de Saint-Jean-de-Chevelu et des Grangeons, on trouve le valangien et le néocomien ; puis vers Monthoux, on remarque une petite cassure au milieu de ces couches en mettant en contact, avec une inclinaison différente, les couches du néocomien à spatangues et du valangien à *ostrea macroptera* ; puis sur ces derniers reparaissent les couches à spatangues et le calcaire à *chama ammonia*. Ici se présente une nouvelle faille mettant les couches du néocomien supérieur en contact avec les calcaires et les marnes oxfordiennes à *am. tortisulcatus, am. plicatilis*, etc. C'est la faille de la Vacherie ; cette faille décrit un arc de cercle commençant au sud un peu au-dessus de Ménard, et se terminant au nord un peu au-dessus de Monthoux. A l'ouest de cette deuxième faille, les terrains se succèdent jusqu'au lac du Bourget, en concordance, avec inclinaison à l'Est, dans l'ordre suivant :

1° Calcaires et marnes avec *am. tortisulcatus, am. plicatilis, am. canaliculatus ;* dans le bas de ces calcaires, on trouve des *Scyphia ;* nous en avons trouvé sur les rochers placés à l'ouest de la source ;

2° Des calcaires avec *am. polyplocus, am. tenuilobatus ;*

3° Des calcaires compactes,à rognons de silice,que l'on trouve dans les rochers situés entre la route et la grande Vacherie ;

4° Un calcaire gris, compacte, presque lithographique, en bancs très épais ; on y trouve surtout *terebratula insignis ;*

5° Une dolomie ;

6° Un calcaire blanc à polypiers et *diceras arietina ;*

7° Un calcaire gris dans le bas ; blanc vers le milieu, avec une infinité de petits corps ronds et quelques points noirs de calcaire ; on y trouve des cyclas et des physes ;

8° Un calcaire roux, prenant quelquefois la structure des grés avec *pygurus rostratus, ostrea macroptera ;*

9" Des marnes avec gros rognons de calcaire et nombreux *echinospatagus cordiformis* et *ostrea couloni ;*

10° Un calcaire blanc, assez dur, avec *heteraster oblongus ;*

Les couches de ce calcaire urgonien plongent dans les eaux du lac. Les numéros 1 et 2 appartiennent à l'oxfordien ; 3, 4, 5 et 6,appartiennent au corallien ; 7 représente le purbeck ; 8, le valangien ; 9, le néocomien à spatangues, et 10, l'urgonien ou néocomien à chames.

Les marnes et les calcaires oxfordiens présentent, dans le haut, de nombreux plissements. Chaque couche est repliée en V ou en Λ et souvent sans être brisée au sommet de l'angle, la distance d'une courbure à l'autre n'étant cependant que de deux ou trois mètres. Les fossiles y sont assez rares ; comme gisements, nous indiquerons les environs de la source, les rochers au nord de la Vacherie et la petite Combe située à l'Est de Monthoux, en suivant la faille de la Vacherie. Nous n'avons pas trouvé de fossiles dans les calcaires à rognons siliceux. Le calcaire gris renferme partout *tereb. insignis,*quelques polypiers et de rares ammonites. Les fossiles du calcaire blanc à *diceras arietina* se rencontrent sur le versant Est du Mont-du-Chat ; les fossiles du Purbeck sont très rares; mais, dans les étages du crétacé inférieur, ils sont assez abondants.

La route coupe plusieurs fois ces différents dépôts du néocomien. « Entre le 5e et le 6e kilomètre, dit l'abbé Vallet, le pre-

mier lacet de la route se développe sur la tranche des couches va-
langiennes plongeant à l'Est d'environ 60°, puis elle rentre, en se
rapprochant du lac, dans les marnes néocomiennes et l'urgonien,
que son tracé sinueux traverse à plusieurs reprises, jusqu'à la
hauteur de l'auberge. Là, elle rencontre de nouveau les assises
du valangien, qu'elle coupe de l'Est à l'ouest, suivant une ligne
perpendiculaire à leur direction et successivement les assises du
Purbeck et celles du jurassique supérieur, dans lesquelles se
trouve intercalée la grande masse de dolomie grenue qui apparaît au sommet du col. »

Sur les couches de passage à *am. polyplocus,* se montre une
masse puissante de calcaires gris, presque lithographiques, avec
quelques polypiers et *tereb. insignis.* Ces calcaires forment les
dents, les crêtes des rochers situés à l'ouest de la dent du Chat ;
ils sont recouverts par de la dolomie et un calcaire blanc à polypiers et *diceras arietina.* La dolomie et le calcaire blanc ne
sont bien développés, en réalité, qu'en se dirigeant vers le mont
de Landard et Saint-Pierre de Curtille. Cette dolomie et ce calcaire blanc prennent tout leur développement dans le bas du
Mont-du-Chat, la dent du Chat et vers la Chapelle.

Au Bourget, sur les bords du lac, on trouve le nagelflue et, si
l'on se dirige vers la cabane du club Alpin et la dent du Chat,
on rencontre d'abord l'urgonien, puis le néocomien à spatangues,
les calcaires à *ostrea macroptera,* les calcaires blancs de Fontanil, le purbeck et le calcaire blanc à dicéras. Vers la cabane, ce
calcaire blanc est pétri de polypiers, de trigonies, d'astartes et de
dicéras. Il importe de nous rendre compte de la valeur stratigraphique de ce calcaire blanc à dicéras et de son âge géologique.

Dans le Bas-Bugey, l'étude de ces dépôts a été faite avec le
plus grand soin par M. Falsan. Nous prendrons nos
exemples à la chaîne du mont Tournier et du fort de Pierre-Châtel. Ici, on trouve à la base la zone à *am. polyplocus*; au-dessus, on rencontre les calcaires à chailles avec *rhynchonella in-
constans ;* les calcaires à polypiers et le calcaire blanc à *diceras
lucii, diceras arietina, nerinea mandelslohi,* etc. C'est-à dire
qu'au fort de Pierre-Châtel on rencontre les couches coralliennes du Mont-du-Chat. Au fort des Bancs, elles sont recouvertes
par le kimméridgien et le portlandien, lesquels manquent probablement au Mont-du-Chat. La chaîne du mont Tournier rejoint
la chaîne du Mont-du-Chat et de l'Epine au-delà des Echelles.

A la cluse de Chaille, le Guiers-Vif est encaissé profondément
dans une fente étroite des couches coralliennes, formées de calcaire blanc, compacte avec polypiers ; la grande route, au point
le plus élevé, est taillée dans ce calcaire. Mais la chaîne de la

cluse de Chaille se prolonge pour former la voûte rocheuse de Miribel et de Raz. Les calcaires coralliens continuent souterrainement dans le noyau de cette chaîne, puis ils reparaissent à la faveur de la coupure de la vallée de l'Isère, aux balmes de Voreppe, sur la rive droite, et, à l'Echaillon, sur la rive gauche. Dans ces deux localités, on trouve à la base, de la dolomie, puis un calcaire blanc à polypiers et dicéras ; mais c'est surtout vers le haut que se montrent les fossiles. Nous retrouvons donc ici le corallien du Mont-du-Chat. La pierre de l'Echaillon, dit M. Lory, est un calcaire d'un blanc éclatant, moitié crayeux, moitié cristallin, pétri de débris de polypiers et de divers fossiles. Les bancs qui fournissent la pierre de taille et d'où l'on peut extraire de très beaux blocs, contiennent peu de fossiles entiers ; mais les couches immédiatement supérieures, enlevées au moment de l'ouverture de la carrière actuelle, ont fourni un grand nombre d'espèces, généralement bien conservées, de mollusques, d'oursins, de polypiers. Nous citerons : *diceras arietina, tereb. moravica, cidaris coronata, cidaris glandifera,* etc.

Les fossiles sont beaucoup plus rares dans la dolomie. Gueymard y a signalé une empreinte de pecten, M. Lory, une portion de test d'oursin indéterminable ; j'y ai trouvé une *tereb. moravica,* et M. de Mortillet rapporte que le cabinet du petit séminaire de Chambéry possède une belle vertèbre de saurien recueillie à Billième, dans un bloc de cette dolomie

Les bancs de calcaire blanc sont actuellement, à l'Echaillon, l'objet d'une grande exploitation, et souvent je me suis demandé s'il ne serait pas possible d'exploiter ceux du Mont-du-Chat, vers le canal de Savières. On ouvrirait facilement une carrière de ce côté, et bien certainement notre calcaire blanc est tout aussi bon, aussi beau et en bancs aussi puissants qu'à l'Echaillon. Ces dépôts coralliens se rencontrent dans la Provence. M. Garnier les a découverts à Rougon, aux environs de Castellane, dans les Basses-Alpes. Je les ai signalés au rocher même de Castellane. Ils offrent la même structure minéralogique et présentent les mêmes fossiles qu'à l'Echaillon et au Mont-du-Chat.

Notre calcaire blanc à dicéras du Mont-du-Chat a donc une étendue en surface relativement importante ; et partout, il se présente au-dessus de la zone à *am. polyplocus,* c'est-à-dire sur l'horizon du corallien. Nous admettrons donc qu'il est le représentant de cet étage. Ces dépôts se présentent avec le même faciès dans toutes les chaînes de la Savoie dépendant du Jura méridional. On les trouve à la Chambotte, au Clergon ; ils sont très développés au Val-du-Fier ; on les rencontre au Vouache, au mont de Sion, au mont Piton, au Salève, etc. Mais trouve-t-on le corallien dans la zone subalpine ? On a déjà dit que l'aspect orographique des montagnes du Jura était différent de celui des montagnes de la zone subalpine. Dans le Jura, les couches sont en plis convexes, en voûtes ; dans la zone subalpine, elles sont en plis concaves, en voûtes renversées. Non-seulement l'aspect orographique est différent, mais encore la composition, la nature des dépôts est différente. L'oxfordien, premier étage jurassique qui apparaît d'une façon bien nette dans la zone subalpine, paraît être minéralogiquement le même des deux côtés. Il n'en est pas de même du corallien ; très développé dans les dernières chaînes du Jura, il n'existe pas ou existe à peine dans la zone subalpine. Au mont Tournier, au fort des Bancs, on rencontre du kimméridgien, du portlandien ; il n'en existe plus à l'Epine, à plus forte raison à Hautheran et au Corbelet. Aucune trace de ces derniers étages ne se voit dans la zone subalpine. Nous verrons qu'il y a également des différences au sujet des dépôts du terrain crétacé inférieur dans les montagnes du Jura et celles de la zone subalpine. D'après cela, il paraît naturel de voir le corallien si peu développé dans la zone subalpine. Non loin de Grenoble, à Aizy, on retrouve le faciès coralligène. La montagne d'Aizy est formée par les calcaires oxfordiens avec *am. plicatilis, am. coronatus, am. tenuilobatus*, etc. Sur ces calcaires, près des maisons d'Aizy, on voit reposer une masse bréchiforme, composée d'un mélange de débris calcaires, de polypiers, d'encrines, etc., roulés et broyés. M. Lory y a reconnu les piquants du *cidaris coronata*, le *millericrinus rosaceus*, la *terebratula substriata*. Cette assise remarquable, dépôt évidemment littoral, n'a qu'une faible épaisseur, deux mètres environ ; au-dessus, on trouve un banc de calcaire plus homogène, puis un banc de dolomie qui représente probablement celle de l'Echaillon et présente absolument la même structure cristalline. Mais les calcaires de l'Echaillon manquent ici, et le terrain néocomien paraît commencer immédiatement au-dessus de ces minces assises coralliennes.

Les mêmes dépôts coralliens se retrouvent aux environs de Chambéry, dans la zone subalpine. Nous les avons décrits dans nos courses à Jacob-Bellecombette, à Montagnole, aux Charmettes, à Lémenc, au plateau de Verel. Ici, comme à Noyarey ou Aizy, ils recouvrent les dernières assises de l'oxfordien. Leur développement est extrêmement faible, si nous le comparons à celui du Mont-du-Chat ou de Chanaz ; mais les fossiles qu'ils renferment et leur position stratigraphique nous permettent de les considérer comme représentant le même horizon géologique, c'est-à-dire le corallien.

Excursion du jeudi 20 mai 1880

Le tunnel de l'Épine et les calcaires du Purbek

La montagne de l'Epine fait suite au Mont-du-Chat; les deux coupes relevées dans nos dernières courses nous indiquent immédiatement la nature des terrains que nous allons y rencontrer.

La nouvelle voie ferrée de Lyon à Chambéry traverse cette montagne formant, à cet endroit, une grande voûte rompue dans le haut, vers Aiguebelette. De ce côté, après avoir traversé un lambeau de valangien à *natica leviathan* rejeté en couches verticales le long de la falaise ouest de la voûte rompue, le tunnel rencontrera les terrains dans l'ordre suivant, avec inclinaison vers la cascade de Couz :

1º Calcaires noirs, assez tendres, de l'oxfordien supérieur;

2º Calcaires gris, compactes, presque lithographiques, assez durs et appartenant au corallien ;

3º Calcaires blancs, légèrement cristallins, avec dolomie à la base et représentant le corallien à *diveras ;*

4º Marnes et calcaires gris d'eau douce, à lymnées et rognons noirs, représentant le purbeck. Le tunnel est actuellement dans ces dépôts ;

5º Calcaires assez durs, d'un gris sale et présentant quelquefois des taches noires à l'intérieur assez dures pour former d'excellents pavés et représentant les calcaires du Fontanil ;

6º Calcaires et lits de marnes à *echinospatagus cordiformis ;*

7º Mollasse d'eau douce et mollasse marine sur une très grande longueur.

Le tunnel rencontrera-t il les calcaires à *caprotina ammonia?* Nous pensons qu'il ne les rencontrera pas; à notre témoignage, nous ajouterons celui de l'abbé Vallet. Ce savant géologue a fait du Mont-du-Chat et du mont de l'Epine une étude spéciale, et nous croyons devoir rapporter l'extrait suivant d'une excursion faite par lui au Mont du-Chat, afin de bien montrer l'irrégularité des dépôts des calcaires à *caprotina* ou *requienia ammonia* sur le versant Est de cette petite chaîne.

Les couches de la mollasse s'appuient directement sur le calcaire urgonien à *caprotina ammonia*, qui forme un revête-

ment d'une épaisseur variable sur le versant oriental du Mont-
du-Chat, depuis le canal de Savières jusqu'au village de Barbiset
sur la Motte. Au delà, il fait complètement défaut sur une longueur de douze kilomètres. Entre Vimines et Saint-Thibaud de-
Couz, on le retrouve formant une paroi très mince et presque
verticale, appliquée contre les couches supérieures du néocomien à spatangues. Un peu plus au sud, sur le plateau de Saint-
Jean, cette paroi prend une extension et un développement remarquables. On la voit s'élever avec une déclivité décroissante
jusqu'au faîte de la montagne de Couz, et s'étaler à sa base en
couches presque horizontales, dont la puissance collective sur
les bords du Guiers-Vif peut être évaluée à 200 mètres.

L'étude minutieuse des surfaces de contact entre les roches
crétacées et les roches tertiaires, depuis Chanaz jusqu'au fond
de la vallée de Couz, m'a fait reconnaître des variétés de superposition que je crois utile de signaler. Voici l'ordre de superposition que l'on observe dans les localités ci-après :

1º A Hautecombe, à 500 mètres de l'Abbaye, sur la route de
Conjux :

> Mollasse à dents de *squale;*
> Urgonien supérieur à *heteraster oblongus* ;
> Urgonien inférieur à *caprotina ammonia* ;
> Néocomien à *ostrea couloni* et *echinospatagus cordi-
> formis.*

2º Sur la route du Bourget à Yenne :

> Mollasse marine ;
> Conglomérat marin ou nagelflue à cailloux perforés ;
> Urgonien inférieur ;
> Néocomien.

3º A la Motte (Barbiset) :

> Mollasse marine;
> Conglomérat à cailloux perforés ;
> Néocomien ;

4º A Vimines (Lard) :

> Mollasse marine ;
> Brèche de Vimines (lacustre);
> Néocomien ;
> Valangien;

5º A Vimines (Pierre-Rouge) :

> Mollasse marine ;
> Brèche de Vimines (lacustre);
> Valangien ;

6° A Saint-Thibaud-de-Couz, près du Cheval-Blanc :

    Mollasse marine ;
    Conglomérat à cailloux perforés ;
    Craie blanche ;
    Urgonien inférieur ;

7° A Saint-Jean-de-Couz (côte Barbier) :

    Mollasse marine ;
    Argiles réfractaires sidérolitiques ;
    Craie blanche ;
    Grés vert (Gault) ;
    Urgonien supérieur ;
    Urgonien inférieur.

Le tunnel passant entre le Lard et Pierre-Rouge ne rencontrera pas sans doute d'autres terrains que ceux cités dans notre coupe.

Au Mont-du-Chat et à l'Epine, il existe une immense lacune entre les couches du corallien et les dernières des temps jurassiques appartenant à un calcaire d'eau douce ou d'eau saumâtre dit purbeck. En effet, en Angleterre, dans les bassins de Paris et en beaucoup d'autres endroits, on rencontre, sur les couches coralliennes, les calcaires du Barrois ou l'astartien, le kimméridgien, le portlandien, et enfin vient le purbeck Pendant cette longue période géologique des temps astartien, kimméridgien et portlandien, les environs de Chambéry étaient une terre.

Cependant, au col de la dent du Chat, sur la route du Bourget à Yenne, M. Lory a indiqué, au-dessous de la partie marneuse du purbeck, une roche magnésienne, celluleuse, qu'il croit devoir être assimilée à la dolomie portlandienne du Jura ; et, enfin, au-dessous de cette dolomie, on remarque quelques lits d'un sédiment argilo-calcaire, présentant des différences de structure et de composition assez tranchées avec les couches coralliennes à *diceras arietina*, pour les regarder comme l'équivalent très réduit des argiles de kimméridge.

Nous aurions ainsi, dans cette localité, dit l'abbé Vallet, la série complète des étages du jurassique supérieur ; mais ce serait, en même temps, la limite méridionale du portlandien et du kimméridgien ; car au delà, sur la montagne d'Aiguebelette, par exemple, le purbeck repose immédiatement sur le coral rag.

Les calcaires et les argiles du kimméridgien sont surtout caractérisés par une petite huître : *ostrea virgula*. D'après M. Falsan, ces dépôts se voient dans le Bas-Bugey et jusqu'au fort des Bancs. Dans le bassin anglo-parisien, sur ces argiles kimméridgiennes, on trouve des couches à *am. gigas* et à *trigonia gibbosa*, puis viennent les dépôts dits portlandiens. Ces derniers se rencontrent également au fort des Bancs avec *nerinea suprajurensis*. Ce sont là les derniers dépôts marins du jurassique.

A la fin de cette période géologique, l'Europe était en grande partie hors des eaux. On avait de nombreux lacs ; et ceux-ci ont formé les dépôts appelés purbeck. Ces couches du purbeck occupent, en Europe, une étendue géographique assez limitée ; mais elles présentent une succession de faunes qui ont exigé un laps de temps considérable ; elles indiquent une fin de période géologique, et offrent au géologue un horizon facile à reconnaître ; à cause de ces titres divers, elles méritent d'appeler particuliérement notre attention. Le purbeck a d'abord été étudié en Angleterre, à l'île de Purbeck, et Lyell y fait trois divisions. A la partie inférieure, on trouve différents lits de marnes et de calcaires d'eau douce ou d'eau saumâtre et un lit de boue ou sol ancien dans lequel on rencontre des troncs d'arbres carbonisés et encore enracinés. Sur les marnes d'eau douce à *cypris* et à *lymnées*, est le purbeck moyen. Il commence par un dépôt marin avec *pecten, avicula*, etc., et *hemicidaris purbeckensis*, puis viennent des couches d'eau saumâtre et d'eau douce. Enfin, le purbeck supérieur est uniquement un dépôt d'eau douce avec nombreuses paludines, lymnées, etc.

Au Mont-du-Chat, à l'Epine, on rencontre les dépôts du purbeck, où ils ont été signalés pour la première fois par l'abbé Vallet ; ce sont des couches de calcaires lacustres avec coquilles d'eau douce et reposant immédiatement sur le calcaire corallien. Ces calcaires sont bien développés au col du Crucifix. Ils renferment des lymnées. Mais ce qui permet de les reconnaître immédiatement, ce sont les petits nodules de calcaire noir empâtés au milieu des calcaires lacustres. Il est assez difficile de s'expliquer l'origine de ces petits nodules de calcaire noir ; mais il importe de remarquer que M. Lory a trouvé des fossiles purbeckiens dans les cailloux noirs du Pas du Bauchet (au nord de la cluse de Chaille). Ces calcaires lacustres se rencontrent sur toute la chaîne de l'Epine et du Mont-du Chat. Ils sont surtout bien développés au-dessus du château de Bordeau, le long de la route au bas du premier lacet. Ils existent à la Chambotte. Ils commencent, dit M. Pillet, par des assises minces d'un calcaire très fin, d'un gris de fumée tacheté de noir, et souvent veiné d'une terre argileuse noire. Ce calcaire devient poreux, cellulaire, tufacé dans le haut ; puis il passe à une terre verte en empâtant des blocs irréguliers des couches sous-jacentes. Cet ensemble n'a pas plus de 3 mètres d'épaisseur.

Au-dessus de la couche terreuse reviennent des calcaires

compactes, sur environ 2 mètres en quelques points et à peine
1 mètre en d'autres.

J'ai remarqué avec beaucoup de soin un petit banc de dolomie sablonneuse verdâtre, de 0 m. 20, qui recouvre ces calcaires ; puis un retour du calcaire compacte tacheté de noir, de
0 m. 40 ; et enfin une dolomie grise pareillement arénacée, de
0 m. 40, qui semble terminer la série.

Les fossiles sont fort rares dans cette localité ; je n'y ai vu
qu'une physa presque microscopique et un fragment d'un gros
gastéropode, qui pourrait être une hélix ou une natice.

A défaut de fossiles, on peut reconnaître la nature de la roche à d'autres caractères accessoires. La pierre est presque partout percée de trous irréguliers qui ont été plus tard remplis par
des cristaux ; ces tubulures sont assez fréquentes dans les for-
mations lacustres de toutes les époques.

Le purbeck continue par le mont Clergeon jusqu'au Val-du-
Fier, où il est admirablement développé. On y trouve un calcaire
gris, compacte, en gros bancs avec lymnées ; puis on a des
couches de calcaire plus sale avec nombreux nodules noirs ; enfin le calcaire gris, compacte, à lymnées, revient. Au Val-du-Fier
comme sur toute la lisière Est des montagnes du Jura, les couches du purbeck sont recouvertes par les calcaires valangiens à
pygurus rostratus. On l'a déjà dit, le purbeck ne se trouve pas
dans les montagnes de la zone subalpine. Chambéry était sur le
rivage de ce lac, lequel couvrait en grande partie les montagnes du Jura.

L'histoire géologique des environs de Chambéry, pendant les
temps jurassiques, est celle d'un fond de mer qui s'est élevé
progressivement. A l'époque de l'oolithe inférieure et de la
grande oolithe, l'emplacement de Chambéry était sans doute un
rivage. Mais pendant l'oxfordien, Chambéry était occupé par
une mer profonde, et de nombreux dépôts vaseux s'y sont formés. Ce sont les calcaires à chaux hydraulique ou les calcaires à
chaux grasse de Chanaz, de Lémenc, avec leurs nombreux fossiles pélagiens. Après le dépôt des calcaires du Calvaire de Lémenc, le fond de la mer s'est élevé et l'emplacement de Chambéry est devenu un golfe peu profond, dans lequel se sont formés
les calcaires blancs de Jacob-Bellecombette ou du plateau de
Lémenc, avec leurs fossiles côtiers. Puis toute cette partie de la
zone subalpine et même l'emplacement du Corbelet, de la
Chambotte, du Clergeon, de la chaîne de l'Epine, etc., sont de-
venus une terre pendant un laps de temps considérable. Plus
tard, des eaux saumâtres ont envahi la chaîne de l'Epine, le
Mont-du-Chat, la Chambotte, le Clergeon, le Val-de-Fier, etc.,
pour y former les calcaires lacustres du purbeck. L'emplace-

ment de Chambéry et de la zone subalpine était sans doute alors une terre, ou peut-être même déjà tout cela était-il envahi par les eaux de la mer crétacée. Nous verrons, en effet, que dans la zone subalpine les terrains crétacés commencent par un puissant dépôt de marnes argileuses qu'on ne trouve pas dans les montagnes du Jura. Tandis que des deux côtés, on retrouve les calcaires du Fontanil à *pygurus rostratus*. Si les choses se sont passées de la sorte, on avait un lac vers le Jura, tandis qu'un bras de mer existait vers les Alpes.

On peut résumer les terrains jurassiques des environs de Chambéry de la manière suivante :

1° La grande oolithe ou bathonien, que l'on trouve de Chanaz à Lucey, sur les bords du Rhône. Les principaux fossiles sont : *belemnites sulcatus* (Miller), *ammonites subradiatus*, (Sow.), *am. discus* (Sow.), *am. interruptus* (Brug.), *am. brongniarti* (Sow.), *am. polymorphus* (d'Orb.), *am. bullatus* (d'Orb.), *ammonites biflexuosus* (d'Orb), *am. planula* (Hel.), *lima proboscidea* (Sow.), *terebratula sphœroïdalis* (Sow.), etc.

2° Le callovien, que l'on trouve à Chanaz, à Lucey, à Chevelu, avec les fossiles suivants : *ammonites macrocephalus* (Schl.), *am. anceps* (Rein.), *am. hecticus* (Hartm.), *am. Jason* (Ziet.), *nautilus hexagonus* (Sow.), *disaster ellipticus* (Agass.), etc. ;

3° L'oxfordien, que l'on trouve à Chanaz, à l'ouest du Mont-du-Chat, au tunnel de l'Epine, à Montagnole, à Jacob-Bellecombette, aux Charmettes, à Lémenc, à Barby, à Curienne, à Boyard, à la roche du Guet, etc. Les principaux fossiles sont : *ammonites transversarius* (Quenst), *am. tortisulcatus* (d'Or.), *am. plicatis* (Sow.), *am. polyplocus* (Reinecke), *am. tenuilobatus* (Quenst), *am. acanthicus* (Opp.), *am. compsus* (Opp.), *am. lithographicus* (Opp.), etc. ;

4° Le corallien, que l'on trouve au Val-du-Fier, au Clergeon, au Mont-du-Chat, à l'Epine, à Jacob-Bellecombette, aux Charmettes, à Lémenc, etc. Les principaux fossiles sont : *cidaris glandifera* (Gold.), *cidaris blumenbachi* (Münst.), *cidaris pilletti* (De Loriol), *cidaris coronata* (Gold.), *hemicidaris crenularis* (Agass), *glypticus loryi* (De Loriol), *megerlea pectunculoïdes* (Schloth) *rhynchonella lacunosa* (De Buch.), *tereb. humeralis* (Rœmer), *tereb. moravica* (Glocker), *tereb. insignis* (Schub.), *belemnites pilletti* (Pictet), *nerinea moscœ* (Desh.), *diceras arietina*, (Lam.), *diceras lucii* (d'Orb.), etc. ;

4° Le purbeck, que l'on trouve au Val-du-Fier, au Clergeon, à la Chambotte, au Mont-du-Chat, à l'Epine, etc., avec quelques fossiles d'eau douce.

Excursion du jeudi 27 mai 1880

Les marnes de Berrias au-dessus de Montagnole

A la fin de la période jurassique, on l'a déjà dit, l'Europe était en grande partie hors des eaux. On avait de nombreux lacs. Puis la mer est revenue dans les creux, et les dépôts crétacés ont commencé.

Dans un travail publié en 1867, M. Hébert a exposé les raisons pour lesquelles il comprenait, sous la désignation *d'étage néocomien,* l'ensemble des assises dont la limite supérieure est le gault, et la limite inférieure l'étage Wealdien, ou, à son défaut, le terrain jurassique. Cependant, on ne peut pas élever cet étage néocomien, ainsi compris, au rang de terrain, à cause du gault qui lie les couches néocomiennes supérieures aux couches inférieures de la craie, beaucoup plus que le terrain tertiaire n'est lié au terrain crétacé, ou celui-ci au terrain jurassique, ou même le terrain jurassique au trias. Nous adopterons cette classification pour les terrains crétacés inférieurs des environs de Chambéry.

Au nord de Grenoble et en Savoie, dit encore M. Hébert, est un ensemble de calcaires que M. Lory divise en quatre parties, mais dont les fossiles principaux varient peu ; car *ostrea couloni* (Defr.), *janira atava* (d'Orb.), *pholadomya elongata* (Münst.), *tereb. prœlonga* (Sow.), *tereb. tamarindus* (Sow.), se rencontrent dès les couches les plus basses (assise n° 1, calcaires du Fontanil), et l'on sait que ce sont là des fossiles caractéristiques des calcaires à spatangues.

Le *pygurus rostratus* se trouve dans la deuxième assise, en suivant la série ascendante, avec une partie des fossiles précédents, qui reparaissent encore dans la troisième, où abonde le *toxaster complanatus* (*echinospatagus cordiformis*). Dans cette troisième assise se rencontre aussi *belemnites pistilliformis, am. cryptoceras,* etc. Il est à remarquer que cette troisième assise est souvent marneuse et glauconieuse.

Enfin l'assise supérieure, ou la quatrième, est le calcaire jaune de Neufchâtel.

Tel est le type septentrional ; c'est celui qu'on retrouve dans tout le Jura ; c'est le type jurassien.

Mais, si nous prenons la zone subalpine, les terrains crétacés débutent par des marnes bleues et des calcaires d'un gris

3

bleuâtre, à pâte très fine ; ce sont des dépôts vaseux formés dans des mers profondes. Les ammonites et les belemnites y constituent les principaux fossiles.

A la base, on a des calcaires à ciment ; et M. Pictet a constaté que la faune de ces calcaires était la même que celle des calcaires néocomiens inférieurs aux marnes à belemnites plates de Berrias.

Sur ces calcaires à ciment, on trouve, à Montagnole, une lumachelle, puis des calcaires à chaux hydraulique avec *am. malbosi, am. euthymi,* etc. Les calcaires de Fontanil reposent sur ces marnes de la zone de Berrias. Dans le haut de ces calcaires, on trouve l'horizon à *ostrea macroptera,* à *belemnites subfusiformis* et *belemnites dilatatus.* Au Nivolet, ces dernières couches sont recouvertes par des marnes et des calcaires à spatangues ; mais dans le massif de la Chartreuse et au-delà de l'Arve, au Môle, on trouve, au contraire, sur ces couches à *belemnites pistilliformis,* des marnes et des calcaires à ammonites déroulées, les criocères de la Drôme et des Basses-Alpes. Enfin, les marnes à spatangues sont immédiatement recouvertes par les marnes à *requienia (chama) ammonia.* Telles sont les divisions que présente le terrain crétacé inférieur dans la majeure partie de la zone subalpine. C'est le type provençal de M. Lory.

Pendant le néocomien, l'emplacement de Chambéry et toute la zone subalpine furent occupés par une mer assez profonde, laquelle laissa de nombreux dépôts vaseux.

A l'ouest, on avait un rivage. Dans la zone subalpine, à la base des terrains crétacés, on trouve une grande épaisseur de calcaires et de marnes donnant une bonne chaux hydraulique ou du ciment. A Grenoble, immédiatement sur l'oxfordien, on rencontre les marnes et les calcaires à ciment ; à Chambéry, ces marnes et ces calcaires à ciment sont souvent séparés des couches oxfordiennes par un calcaire blanc ou une brèche avec fossiles du corallien. Nous avons, dans une course précédente, étudié les calcaires et les marnes à ciment de Montagnole, et nous avons établi que ces couches avec le calcaire à lumachelle constituaient essentiellement des dépôts intermédiaires, des couches de passage ; peut-être représentent-ils les premiers dépôts du crétacé inférieur. En concordance et sur le calcaire lumachelle, on trouve vers le plateau des Côtes, dans le bas du Mont-de-Joigny, des calcaires marneux en couches très minces, avec *am. berriacensis, am. occitanicus, am. rarefurcatus,* fossiles appartenant à la base des marnes de Berrias. Sur ces calcaires en petites couches sont des calcaires compactes en bancs de 0 m. 40 à 0 m. 50 d'épaisseur, alternant avec des calcaires marneux ; les fossiles y sont rares. Puis, vers le haut, la pâte des calcaires est plus grossière, plus siliceuse, ces calcaires alternent toujours avec des marnes. On y trouve *am. semisulcatus, am. tethys, am. neocomiensis;* de petits oursins, des peignes, etc., et insensiblement, ils passent aux calcaires du Fontanil. Jusqu'à présent, on n'a pas retrouvé de ce côté les couches à brachiopodes de la base du valangien du Nivolet. Ces marnes et ces calcaires représentant l'horizon de Berrias, ont, au Pas-de-la-Fosse, au moins 300 à 350 mètres d'épaisseur.

Ces dépôts sont surtout bien développés au sud de Montagnole, vers le plateau des Côtes, le Villard et le Savon, où l'on trouve les ammonites de la faune de Berrias en assez grande quantité. Ils forment tout le grand creux du Pas-de-la-Fosse au Mont-de-Joigny et le Crêt, allant du Pas-de-la-Fosse au passage de la Coche, au-dessus de Chanaz. Ces dépôts se prolongent de là vers le nord ; ils s'enfoncent sous la vallée de Chambéry pour reparaître à la Trousse, dans le bas de Saint-Alban, et aller former les prés de Montbasin.

En résumé, du plateau de Montagnole au Mont-de-Joigny, on trouve de bas en haut, du nord au sud :

1° Les marnes et les calcaires à ciment, ayant une épaisseur moyenne de. 30ᵐ

2° Le calcaire grossier à l'état de lumachelle 10ᵐ

3° Un calcaire en petits feuillets avec ammonites, épaisseur moyenne. 50ᵐ

4° Des calcaires et des marnes pauvres en fossiles dans le bas, plus riches dans le haut; on y trouve : *amm. semisulcatus, am. tethys,* des oursins, des peignes, épaisseur moyenne. 300ᵐ

5° Les calcaires du Fontanil.

Le plateau de Montagnole présente, de l'ouest à l'Est, une des coupes les plus intéressantes des environs de Chambéry. On y trouve le jurassique supérieur, les calcaires à ciment, la lumachelle de Montagnole, les marnes et les calcaires de Berrias. Le tout y forme trois voûtes et deux plissements concaves, mais tous deux brisés à leur base et formant, en réalité, deux failles, surtout pour celui situé vers Le Puisat. Il est facile de s'assurer, le long de cette coupe, du contact des calcaires et des marnes à ciment avec le jurassique supérieur.

La première voûte, située vers Saint-Cassin, est rompue dans le haut, et les couches des marnes de Berrias viennent s'appuyer soit contre les mollasses lacustres, soit contre l'urgonien. Ici est la faille d'Entremont. La deuxième voûte forme le bas du plateau de Montagnole. Ici, vers l'église, il est facile de voir les marnes et les calcaires à ciment pincés entre les couches de la lumachelle. La voûte passant à l'état de Λ très aigu, est cassée dans le haut ; puis les calcaires et les marnes de Berrias forment le plateau des Côtes, et l'on remarque que les couches s'avancent à l'Est en devenant insensiblement presque horizontales. Puis, vers Le Puisat, on a le deuxième V. Il est possible de constater que les couches sont cassées, et qu'en réalité, on a ici une petite faille locale. Plus à l'Est, on rencontre le torrent de Jacob-Bellecombette, et l'on remarque, vers le moulin, qu'il a pour seuil une voûte à base jurassique ; au-delà commence la falaise de Joigny. On y trouve :

1º Calcaires jurassiques ;

2º Calcaires et marnes à ciment, formant sans doute la base du crétacé ;

3º La lumachelle de Montagnole ;

4º Les calcaires et les marnes de Berrias sur un développement d'au moins 300 mètres.

Le tunnel de la route est dans les calcaires et les marnes à *am. occitanicus, am. rarefurcatus, am. neocomiensis*, etc.

Ces couches de calcaires se prolongent presque horizontalement vers le Granier, et du Pas-de-la-Fosse à Apremont, on ne trouve que les marnes de Berrias. On les rencontre également d'Apremont à Saint-Baldoph, où les membres de l'excursion ont été heureux de goûter, chez M. Perrot, les bons vins récoltés sur les marnes de Berrias, qu'ils foulaient depuis plus de quatre heures par un soleil tropical.

De Saint-Baldoph à Chambéry, on retrouve les marnes et les calcaires de Berrias, puis la faille de Pierre-Grosse et la grande cassure des Charmettes que nous avons eu l'occasion de décrire.

Excursion du 3 juin 1880

Les calcaires du Fontanil aux environs de Chambéry

La faille d'Entremont sépare, aux environs de Chambéry, le Jura des Alpes. Ainsi le mont Pellaz, le mont de Joigny, le Nivolet, le mont des Ramées et le mont de la Cluse où la chaîne du Nivolet, d'après la carte de l'état-major, atteint son maximum d'altitude — 1568ᵐ, — représentent le premier gradin des Alpes ; tandis que la Chambotte, le Clergeon, le Corbelet, le mont Hautheran, etc., représentent le dernier bourrelet des chaînes du Jura. Dans les montagnes subalpines, le terrain crétacé commence, ainsi que nous l'avons vu au mont de Joigny, par une énorme masse de calcaires et de marnes à chaux hydraulique ; dans les montagnes du Jura, ces marnes manquent. Dans ces montagnes, le crétacé commence par un calcaire dur, roux à la surface, à pâte grossière et avec fossiles côtiers. Ce calcaire est bien développé dans l'ancien comté de valangin, où il a été étudié par M. Desor, d'où son nom de valanginien ou Valangien.

Aux environs de Chambéry, le Valangien peut être divisé de la manière suivante :

1° A la base est un calcaire en gros bancs, roux à la surface, à pâte grossière, donnant une bonne pierre de taille quoiqu'un peu gélive ; c'est l'horizon des calcaires du Fontanil ; dans le haut on trouve *pygurus rostratus ;*

2° Des marnes avec un calcaire grossier, marneux, roux, et nombreuses *ostrea macroptera ;*

3° Un calcaire avec des marnes renfermant *belemnites subfusiformis.*

Dans les calcaires du Fontanil, les fossiles les plus abondants sont des brachiopodes et des oursins, par exemple : *terebratula carteroniana, tereb. prœlonga, rhynchonella lata, rhynchonella depressa ; pygurus rostratus, holectypus macropygus, echinus denudatus,* etc. On y trouve de rares céphalopodes : *nautilus pseudo-elegans, am. cryptocerus.* Au Nivolet, ces calcaires sont très bien développés ; nous avons déjà dit qu'ici, à la base du valangien, on trouvait une véritable lumachelle de brachiopodes découverte par l'abbé Vallet un peu au-dessus du petit hameau de Raseray. Ces calcaires du Fontanil forment une bande continue depuis Saint-Alban jusqu'au delà de la montagne de la Cluse. Sur tout ce parcours ils sont recouverts par les couches à *ostrea macroptera*.

Le valangien a été bien étudié à la Chambotte par M. Pillet. D'après notre savant confrère, on trouve à la Chambotte un vaste cirque au fond duquel apparaît le jurassique supérieur. Au contact du purbeck est un calcaire roux à la surface, bleuâtre à l'intérieur et présentant plus de cent mètres d'épaisseur. Les fossiles y sont rares, on peut citer cependant l'*echinobrissus renaudi*. Dans le haut, ce calcaire est un peu oolithique et les fossiles y sont assez abondants, on citera : *terebratula carteriniana, terebratula prælonga; holectypus macropygus; natica prælonga*, etc. Enfin, à la Chambotte, les dernières couches du valangien sont formées par un calcaire grossier, roux, avec nombreux débris de fossiles.

Tous ces dépôts se succèdent très régulièrement soit dans nos montagnes jurassiques, soit dans nos montagnes subalpines. Dans celles-ci, au sud, dans le massif de la Chartreuse, ou, au nord, vers le Môle, sur les couches à *ostrea macroptera*, on rencontre des calcaires marneux à criocères, tandis qu'ils manquent au Nivolet. Cela indique un mouvement du sol dans nos régions ; c'est ce qui nous porte à terminer le valangien avec les couches à *ostrea macroptera* et *belemnites subfusiformis*, dans l'impossibilité où nous sommes de trouver une différence bien nette dans les gisements fossilifères.

Le valangien se présente sur le même horizon au Clergeon, au Val-du-Fier, au Vuache, au mont Sion, au mont Piton, au Salève. Ici, d'après M. Favre, on trouve de bas en haut :

a. Couches à *natica leviathan* ;

b. Calcaire jaune, marneux, à *nerinea favrina, natica marcousana* ;

c. Calcaire blanc, compacte, à aspect corallien ;

d. Calcaire roux à *cidaris pretiosa*.

On le trouve également au Mont-du-Chat, par exemple de Saint-Pierre-de-Curtille à Chànaz ; au mont de l'Epine, à la Cluse de Chaille, et nous avons vu qu'il forme un crêt saillant au travers du massif de la Chartreuse, depuis les carrières du Fontanil jusqu'au Nivolet.

Nous placerons ici la description des terrains de la Combaz, parce que ces terrains représentent peut-être le valangien. Au sud de Chambéry, vers la cascade de Couz, est le petit hameau de la Combaz, au sud-est duquel sont des prés situés dans le bas des bois de sapins. C'est dans l'un de ces prés, le Pré de l'eau qui sonne, que l'abbé Vallet a signalé, il y a longtemps, un calcaire blanc, avec nombreux fossiles complètement silicifiés. Ce sont surtout des diceras : *valletia tombecki* (Mun. ch.), des trigonies, des nérinées, des astartes et de nombreux polypiers. Cette couche de calcaire blanc fut considérée comme étant inter- calée dans les calcaires et les marnes néocomiennes. On supposa que c'était un ilot, une sorte d'atoll due à un retour du faciès coralligène à l'époque néocomienne. Cela peut être ; cependant, qu'il nous soit permis de présenter les remarques suivantes :

La chaîne comprenant la dent du Corbelet et les prés de la Combaz est, comme du reste le sont toutes les chaînes du Jura, le résultat d'une voûte. Les couches de calcaires ou de marnes qui la composent se sont rompues vers l'ouest et ont formé, en ce point, une combe, en admettant rigoureusement la définition qui en a été donnée par M. Lory dans l'orographie des Alpes oc- cidentales, c'est-à-dire une dépression causée suivant une déchi- rure longitudinale de la chaîne. Cette combe, très accidentée, va de l'ouest du chalet de Planay au bas de la colline de Saint- Claude, en mettant ainsi à découvert, sur un endroit très res- treint, un calcaire à faciès coralligène.

Au point de vue orographique, la Chambotte, le Clergeon et le Val-du-Fier sont la suite directe de la chaîne comprenant la dent du Corbelet. Or, au Val-du-Fier, on trouve, de bas en haut, en partant du milieu de la voûte, à l'Est :

1º Un calcaire gris, compacte, argileux, en bancs assez min- ces, très plissés, souvent même en Λ très aigus avec *am. poly- plocus* et autres fossiles des carrières de Chanaz ou de Lé- menc ;

2º Un calcaire à chailles en bancs minces et un calcaire gris, presque lithographique, en gros bancs, avec *tereb. insignis ;*

3º Une dolomie ;

4º Un calcaire blanc avec nérinées ou polypiers ;

5º Un calcaire d'un gris blanc, compacte, avec fossiles d'eau douce et cailloux noirs roulés ;

6º Un calcaire jaune, dur, avec fossiles du valangien ;

7º Un calcaire et des marnes à nombreax fossiles néoco- miens ;

8º Un calcaire blanc, dur, compacte, avec *chama ammonia ;*

9º Des couches de mollasses.

Revenons au milieu du Val et dirigeons-nous, cette fois, vers l'ouest, nous aurons de bas en haut :

1º Un calcaire gris, avec *am. polyplocus ;*

2º Un calcaire à chailles et un calcaire gris, compacte, à *tereb. insignis ;*

3º et 4º Ici est une cassure longitudinale qui a fait disparaître en partie les dolomies et les calcaires blancs à fossiles coralligènes ;

5º Un calcaire gris, à fossiles d'eau douce et rognons noirs ;

6º Un calcaire jaune, à gros bancs, à fossiles du valangien ;

7º Un calcaire et des marnes avec nombreux fossiles néocomiens ;

8º Un calcaire blanc avec *chama ammonia ;*

9º Un grés vert, à rognons de phosphate de chaux et *inoceramus sulcatus, inoceramus concentricus,* etc.; les fossiles sont abondants ;

10º Des couches de mollasses.

Ainsi le Val-du-Fier est le résultat d'une grande coupure transversale faite au milieu d'une voûte rompue. A partir des calcaires oxfordiens, on voit les couches supérieures rejetées des deux côtés, en position assez inclinée vers l'Est ou suivant la verticale, ou encore inclinée vers l'ouest. Le Val-du-Fier termine presque la chaîne du Clergeon et de la Chambotte.

A l'ouest de Châtillon, on a les dernières ramifications du Clergeon, et ici, on trouve encore une grande échancrure qui est la suite de la combe du Val-du-Fier. Dans le bas, on rencontre toujours les dépôts du jurassique supérieur, puis les couches du crétacé inférieur.

Au-dessus d'Antoger est un sentier qui permet de couper transversalement la Chambotte, et voici quel est l'ordre stratigraphique en allant de haut en bas :

1º Calcaire urgonien à chames ;

2º Calcaires et marnes à *echinospatagus cordiformis* ; dans le bas est un banc très fosilifère, on y trouve principalement *am. radiatus.*

3º Limonite et marnes ;

4º Calcaire à *natica leviathan* ;

La Chambotte se termine insensiblement vers Aix-les-Bains et Voglans ; et, de Voglans à la colline de Saint-Claude et des prés du Corbelet, on rencontre la vallée transversale de Chambéry qui est formée par la partie synclinale de tous ces dépôts. Dès lors, les prés du Corbelet appartiennent à la combe de la Chambotte, du Clergeon et du Val-du-Fier, *et nulle part dans ces montagnes on ne trouve le faciès coralligène* de la Combaz intercalé dans le néocomien.

La coupe, Est à ouest de cette combe du Corbelet, en passant par le Pré de l'eau qui sonne, se présente de la manière suivante :

1° Dans le bas de la voûte, dans le creux du ruisseau, on trouve un calcaire à petits grains ;

2° A l'Est, et reposant sur le calcaire numéro 1, est un calcaire gris, avec nombreux débris de fossiles. Ce calcaire se termine par une véritable lumachelle de *vallelia tombecki* (Mun. ch.), de nérinées, d'astartes, de trigonies, de polypiers, etc. Le pré de l'eau qui sonne repose sur cette lumachelle, ce qui empêche de voir les couches qui la recouvrent. Mais au sud, dans le bois de sapins, on trouve sur la lumachelle :

3° Un calcaire gris à pâte lithographique, avec taches noires à l'intérieur et des fragments de fossiles. Ce calcaire ressemble beaucoup au calcaire du purbeck du Mont-du-Chat ;

4° Il se termine par un calcaire roux à l'intérieur, à petits grains, rappelant le calcaire de Fontanil. On y trouve de nombreux fragments de fossiles indéterminables ;

5° Ces derniers bancs sont recouverts par un calcaire marneux, ocreux, pourri, et renfermant en quantité *ostrea macroptera* ;

6o Puis, on trouve les marnes et les calcaires à spatangues, et enfin le sommet de la montagne est formé par les calcaires à chames.

Si, au lieu de se diriger à l'Est, vers le Corbelet, on se dirige à l'ouest, vers la cascade de Couz, on rencontre d'abord les bancs du calcaire numéro 2, moins fossilifères cependant. Ils forment, de ce côté, un crêt situé immédiatement à l'Est du jet d'eau. On y trouve plusieurs carrières exploitées depuis quelque temps par le chemin de fer de l'Epine. Il est donc facile de s'assurer de la nature de la roche et de bien constater la grande ressemblance qu'elle présente, dans le haut, avec celle du purbeck du Mont-du-Chat. Nous n'avons pas trouvé de fossiles dans les bancs recouvrant immédiatement le faciès coralligène. Cependant, au sud du jet d'eau, vers les prés, il est facile de s'assurer que le calcaire gris, à pâte lithographique, se termine par un calcaire roux à l'intérieur, absolument semblable à celui du Fontanil. Malheureusement, nous n'y avons pas trouvé de fossiles déterminables.

Sur ce dernier calcaire sont les couches à *ostrea macroptera*, puis celles à spatangues, et enfin vers la cascade de Couz, le calcaire urgonien.

Ainsi, le faciès coralligène de la Combaz constitue le dos de la voûte et la base des deux crêts.

Le calcaire à petits grains, numéro 1, renferme des *fragments de fossiles rappelant ceux du faciès coralligène place immédiatement au-dessus ;* appartient-il au calcaire néocomien du Fontanil, ou bien dépend-il uniquement des couches à *valletia ?*

Pour se prononcer, il faudrait des fossiles caractéristiques ; et c'est, je crois, ce qui manque jusqu'à présent. Si ce calcaire n° 1 est néocomien, incontestablement le corallien à *valletia tombecki* est intercalé dans le crétacé inférieur. Mais ces fossiles caractéristiques du néocomien manquent, et de plus les fragments de ceux que l'on y trouve rappellent ceux des bancs à *valletia tombecki* (Mun. ch.). De telle sorte qu'il est possible d'interpréter les faits de la manière suivante :

La combe du Corbelet présente dans le bas des bancs de calcaire tantôt compacte, tantôt à petits grains, voire même formé presque uniquement par des débris de fossiles. Ce calcaire peut représenter le corallien du Mont du-Chat. Alors le calcaire gris à pâte presque lithographique numéro 3, représenterait le purbeck, et le valangien serait représenté par le calcaire roux numéro 4. Au-delà, la série des assises néocomiennes apparaît comme au Mont-du-Chat, au Clergeon, au Val-du-Fier, etc. D'après cela, les terrains du Corbelet ne présenteraient rien d'anormal ; on ne serait plus obligé d'y intercaler un îlot unique à faciès coralligène de moins d'un hectare. En effet, rien de semblable, je crois, ne se voit dans le Jura méridional. Cependant, nous ferons remarquer qu'à Saint-Hilaire, à la tour Notre-Dame, dans Saône-et-Loire, on a trouvé dans le néocomien inférieur des *valletia tombecki* analogues aux vallétia de la Combaz.

La combe du Corbelet se prolonge vers le chalet du Planay, lequel est situé au milieu des marnes néocomiennes. En s'élevant au sud, du Pré de l'eau qui sonne vers ce chalet, on remarque que les parties profondes de la combe se rapprochent, et bientôt la voûte a pour base les marnes et les calcaires à *ostrea macroptera*, et, à leur tour, ces marnes disparaissent et sont recouvertes par les calcaires à spatangues formant la majeure partie des falaises du Corbelet. Du chalet du Planay, une trouée, séparant le Corbelet du mont Hautheran, existe vers le chalet de Léliaz. De ce côté, vers le versant Est du Corbelet, on remarque, dans le haut, une forte cassure locale atteignant encore les marnes à spatagues ; puis, on a dans le bas, des calcaires urgoniens à *chama ammonia*. Ainsi, le corallien de la Combaz se voit sur une très faible surface, on ne le trouve qu'à la cassure de la voûte, soit au-dessus du jet d'eau de la cascade de Couz, soit vers le Pré de l'eau qui sonne. Nous pensons qu'avant de se prononcer irrévocablement sur l'intercalation dans les couches néocomiennes de ce petit lambeau coralligène de la Combaz, une étude minutieuse de ces couches au point de vue paléontologique est absolument nécessaire.

Excursion du 10 juin 1880

Les marnes et les calcaires à spatangues

Au Nivolet, sur les calcaires roux à *ostrea macroptera*, on trouve des marnes et des calcaires à *ostrea couloni* et *echinospatagus cordiformis*. Ces calcaires et ces marnes forment le sol des prés du Nivolet, les fossiles y sont abondants, nous citerons : *toxcaster gibbus, panopœa neocomiensis, pleurotomaria neocomiensis, nautilus neocomiensis, am. leopoldinus*, etc. La source de la Doria est dans le haut de cet horizon marneux, formant ici une falaise d'au moins cent mètres d'épaisseur supportant plus de cent mètres de calcaire urgonien. Ces calcaires marneux à spatangues se prolongent sous le Pennay, où ils deviennent très fossilifères. On les retrouve avec les mêmes caractères un peu au-dessus de Saint-Jean d'Arvey. Des prés du Nivolet ils forment une bande allant tout le long de la chaîne vers le mont des Ramées et la montagne de la Cluse. On les trouve dans le même ordre stratigraphique au mont Servin et les montagnes des Beauges.

Dans les montagnes de la Savoie appartenant au Jura méridional, à Hautheran, au Corbelet, à la Chambotte, au Clergeon, ainsi qu'à l'Epine et au Mont-du-Chat, on trouve également les calcaires et les marnes à spatangues sur les calcaires roux à *ostrea macroptera*. C'est un des horizons les plus fossilifères et des mieux développés dans les environs de Chambéry.

Près de Grenoble, sur les calcaires roux à *ostrea macroptera*, on remarque des calcaires marneux à céphalopodes déroulés, c'est la couche à criocères du néocomien provençal. Celle-ci manque complètement dans la chaîne du Nivolet. Ici, à partir des calcaires du Fontanil, le néocomien se présente comme dans le Jura méridional. Au contraire, dans le bas Faucigny, aux Voirons et au Môle, on retrouve la couche à criocères si bien développée dans le midi de la France.

M. Hébert a démontré que la faune des calcaires à spatangues se trouve dans la Drôme et les Basses-Alpes, au milieu des calcaires à céphalopodes; alors le faciès jurassien et le faciès provençal se trouvent tous deux dans une même série de couches et dans le même lieu.

Les calcaires à oursins représentent d'anciens rivages; les céphalopodes, au contraire, sont des fossiles pélagiens. Pendant les dépôts du néocomien à spatangues, la partie de la Savoie comprise entre l'Arve, le haut Faucigny et l'Isère, était un littoral, un rivage. Au-delà de l'Arve, vers les Voirons et le Môle, etc , on avait une mer profonde, il en était de même 'dans les environs de Grenoble. Dans la Drôme, les Hautes-Alpes, on eut tantôt un rivage, tantôt une mer profonde. Dans le Jura méridional, on ne trouve pas les calcaires à criocères, on avait là un rivage, et la chaîne du Nivolet se reliait alors avec le Mont-du-Chat, en constituant un haut fond.

Ainsi, les marnes et les calcaires à spatangues représentent des dépôts de rivage; lorsqu'on approche, en effet, de points où les dépôts néocomiens viennent s'atténuer, disparaître devant un dépôt plus ancien qui, évidemment, a été le rivage de cette époque, c'est alors que la faune des calcaires à spatangues apparaît. Il est probable, dit M. Hébert, qu'un large canal, correspondant à la vallée actuelle du Rhône, faisait communiquer le golfe néocomien du midi de la France avec la mer Méditerranée de cette époque. Sur les premiers contre-forts des Alpes, vers les bords actuels de la Méditerranée, aux environs de Marseille, à la Nerthe, à Allauch, à Aubagne, on trouve la faune des calcaires à spatangues. Nul doute que, depuis Marseille jusqu'à Nice, il n'y eût à cette époque le rivage septentrional d'une terre qui, embrassant non-seulement les régions des Maures et de l'Esterel, mais une large bande triasique et jurassique au nord, pouvait, en s'étendant au sud, occuper une partie de l'emplacement actuel de la Méditerranée. Cette terre comprenait certainement la Corse et peut-être la Sardaigne tout entière. Et, chose remarquable, sur ce rivage méridional du golfe, la faune redevient, malgré la distance, identique à celle de la Savoie et du Jura.

Les marnes à spatangues forment dans la zone subalpine le seuil des principales sources. Les fossiles y sont assez communs, on peut citer : *echinospatagus cordiformis, ostrea couloni, gervilia anceps, pholadomya elongata, panopœa neocomiensis, pleurotomaria neocomiensis, am. leopoldinus.*

Nous avons eu l'occasion d'étudier ces marnes et ces calcaires à spatangues, principalement dans le bas de la colline de Saint-Claude, du Corbelet et vers le chalet du Planay.

La combe de la colline de Saint-Claude est sur ces marnes et sur ces calcaires à spatangues. Souvent les marnes renferment de gros rognons de calcaire siliceux, au milieu desquels on trouve presque toujours des fossiles à l'état de moules. Ces marnes et ces calcaires se délitent assez facilement au contact de l'air, et c'est sur eux que l'on trouve toujours les champs cultivés et les prairies. A Saint-Claude, les spatangues, relativement rares, sont accompagnés de la plupart des fossiles cités plus haut.

Vers le jet d'eau de la cascade de Couz, l'horizon à spatangues tend à disparaître, et l'on a les calcaires pourris à oxydes de fer de l'horizon à *ostrea macroptera*, et au delà, vers la Combaz, on trouve la coupe que nous avons donnée dans notre dernier compte-rendu. Au village de la Combaz, où les membres de l'excursion ont eu la bonne fortune de rencontrer M. Jarrin, on trouve des marnes bleuâtres au milieu des calcaires pourris à *ostrea macroptera*. Ces marnes bleues ont fourni à M. Jarrin fils de nombreux fossiles ; un des bancs de ces marnes est absolument pétri d'acéphales, et notre aimable cicérone y a trouvé plusieurs pinces de crabes et la partie inférieure d'un crustacé, sans doute d'espèce nouvelle. Au sud de la Combaz et dans le haut des calcaires jaunes à *ostrea macroptera*, M. Jarrin a découvert un banc de trigonies. Enfin, notons que les bancs coralliens du *Forney* ont été découverts en réalité par Madame Jarrin, qui les a signalés à l'abbé Vallet. En se dirigeant vers la dent du Corbelet, la Combe se referme, et bientôt elle est sur les calcaires pourris à *ostrea macroptera*, puis sur les calcaires et les marnes à spatangues que l'on retrouve bien développés au chalet de Planay. De là, ces marnes et ces calcaires se prolongent par Hautberan dans le massif de la Chartreuse. Un beau gisement de ces calcaires et de ces marnes à *echinospatagus cordiformis* et *ostrea couloni* se voit au Mont-du-Chat, où nous les avons étudiés dans une de nos précédentes excursions. Les spatangues y sont nombreux, et l'*ostrea couloni* y forme de véritables bancs.

A l'ouest des carrières d'Antoger et toujours sous les calcaires urgoniens, nous avons rencontré un beau développement des marnes et des calcaires à spatangues. Ici, à la base de ces dépôts, est un horizon de calcaires marneux souvent en rognons, les fossiles y sont nombreux. Ce gisement a été étudié avec le plus grand soin par notre savant confrère M. Pillet ; on y trouve encore des spatangues, mais surtout *am. radiatus*. Ces marnes et ces calcaires à spatangues, sur lesquels sont toujours les champs cultivés, les vignes et les prairies, se prolongent par la ferme du Gigot vers la Chambotte.

Dans les prés du Nivolet, on l'a dit plus haut, les calcaires et les marnes à spatangues se présentent sur toute l'épaisseur des prés. Le gisement fossilifère signalé à la Chambotte est ici relativement pauvre en fossiles ; mais dans les prés, *echinospatagus cordiformis* et *ostrea couloni* sont abondants. Des prés, ces calcaires et ces marnes subissent, vers l'Est, l'inclinaison générale des couches pour former le creux de la Doria. A la source même, on coupe le long du chemin de Lovettaz aux Déserts les couches à spatangues. Ce sont des marnes noires, argileuses, alternant avec des bancs minces de calcaire en rognons. Les fossiles y sont assez abondants. La source de la Doria est au contact des calcaires urgoniens avec les marnes à spatangues. Ces dernières couches se prolongent sous les éboulis du Pennay pour reparaître au-dessus du château de Chaffardon, où elles sont assez fossilifères. Elles suivent ensuite régulièrement le crèt formé par le Pennay et se présentent sur un assez grand développement au-delà des carrières à pavés de Saint-Jean d'Arvey. Ici, on coupe transversalement les couches. La nature de la roche a un peu varié. C'est le plus souvent un grés siliceux, très dur. Ces dépôts à spatangues se dirigent de plus en plus vers le Margerias en décrivant ainsi, de la Doria au pied du Margerias, en passant sous le Pennay, un immense fer à cheval. Entre Fougère et la chapelle des Déserts et la Leysse, les couches à spatangues, avec toutes celles du néocomien, présentent une petite rupture dirigée sensiblement nord-sud. C'est dans ce creux, à 6 ou 700 mètres de la chapelle, sur la rive droite de la Leysse, que se trouve Fontaine-Noire. Cette source, extrêmement abondante au moment de notre visite, sort naturellement des calcaires à spatangues. Il est facile de s'assurer qu'elle est absolument dans les mêmes conditions géologiques que la source de la Doria. Nous ajouterons que son alimentation doit être plus facile, plus abondante.

Il résulte d'études spéciales faites par M. Lory dans le massif de la Chartreuse, que les sources abondantes de cette région sont toujours placées sous les calcaires urgoniens et au milieu des marnes et des calcaires à spatangues. Les calcaires urgoniens, ainsi que nous l'établirons plus tard, sont tout crevassés, les eaux de pluie s'y infiltrent facilement, et, au contact des marnes, roches difficilement perméables, ces eaux s'arrêtent pour y former des nappes souterraines et venir se déverser suivant la pente naturelle du terrain. Toutes ces conditions se trouvent admirablement remplies pour la source de Fontaine-Noire. Lorsqu'on examine attentivement le Pennay, on constate que son arête décrit, ainsi que je l'ai dit plus haut, un immense fer à cheval, allant de la Doria, en passant au-dessus de Saint-Jean d'Arvey, à la chapelle des Déserts, située à 6 ou 700 mètres de Fontaine-Noire. D'un autre côté, à l'Est du col de la Doria, on retrouve une arête formée en grande partie par les calcaires urgoniens très bouleversés, mais avec une inclinaison générale à l'Est. Ces calcaires urgoniens sont recouverts à cet endroit par les différents dépôts du tongrien, comprenant de bas en haut :

1° Un sable grossier, tenant à la base du fer *sidérolitique;*
2° Un calcaire grossier à *nalica crassatina;*

3° Un grés marneux, micacé, avec *nummulites variolaria ;*
4° Un calcaire siliceux avec *nystia duchasteli* et *cerithium plicatum* ?

Ces calcaires urgoniens, dis-je, se réunissent par les Charmettes, à ceux de la Chapelle des Déserts. Et toute cette partie du Pennay, de la crête aux Charmettes et à la chapelle, constitue une immense cuvette où toutes les eaux de pluie, s'infiltrant facilement au travers des crevasses des calcaires urgoniens, arrivent aux marnes et aux calcaires à spatangues ; puis, en suivant la pente des couches, viennent se déverser naturellement en grande partie, par la source de Fontaine-Noire, dans la petite rivière de la Leysse. D'après ce qui précède, il est facile de comprendre pourquoi cette source de Fontaine-Noire ne tarit jamais. J'ai eu la curiosité d'interroger des personnes des Déserts, de Fougère et de Saint-Jean d'Arvey, toutes ont été du même avis : « Fontaine-Noire ne tarit jamais. » En vérité, cette réponse m'a procuré une réelle satisfaction, parce que j'étais arrivé à la même conclusion par l'étude géologique du terrain.

J'ai voulu savoir ensuite si l'eau de Fontaine-Noire était une eau potable. Voici le résultat d'une analyse qualitative faite, il est vrai, sur une très petite quantité d'eau :

Mise en présence d'une dissolution alcoolique de savon à base de soude, l'eau de Fontaine-Noire se trouble légèrement ;

On y trouve 30 à 35 centigrammes de résidu par litre ;

Elle renferme des sels de chaux, de magnésie et de potasse à l'état de chlorures, de sulfates et de bicarbonates.

La source de Fontaine-Noire est bien certainement une des bonnes sources des environs de Chambéry.

Fontaine-Noire est à environ 690 mètres au-dessus du niveau de la mer, soit à 418 mètres environ au-dessus du seuil de l'Ecole préparatoire à l'enseignement supérieur de Chambéry. Ajoutons que Fontaine-Noire est à onze kilomètres environ de cette ville. Voici donc une source donnant une eau excellente, en quantité et à une faible distance de Chambéry. C'est pourquoi nous nous permettrons d'appeler sur elle toute l'attention des personnes intéressées.

Fontaine-Noire est le déversoir naturel des eaux du Pennay, comme la Doria est le déversoir naturel d'une partie de celles du Nivolet.

En résumé, on trouve au Nivolet, au Pennay et dans les Beauges, entre les calcaires pourris à *ostrea macroptera* et les calcaires urgoniens à *requienia ammonia*, les marnes et les calcaires à *echinospatagus cordiformis* et *ostrea couloni*. On les trouve dans les mêmes conditions stratigraphiques dans le massif de la Chartreuse; leur place est donc bien définie pour la zone subalpine. Il en est de même dans le Jura méridional ; c'est, en effet, toujours au-dessus des couches à *ostrea macroptera* et au-dessous des calcaires à *requienia ammonia* que nous avons rencontré à Hauthéran, au Corbelet, à la Chambotte, à l'Epine, au Mont-du-Chat, au Colombier, etc., les marnes et les calcaires à spatangues.

Excursion du 17 juin 1880

L'urgonien

Dans les Beauges, le massif de la Chartreuse et le Jura méridional, on trouve, sur les calcaires marneux à spatangues, des calcaires blancs, compactes, en bancs épais, donnant une bonne pierre de taille et une bonne chaux grasse. Souvent ces calcaires sont pétris de caprotines ou chames, d'où leur nom de calcaires à caprotines ou à chames ; on les désigne également sous le nom d'urgonien. Dans les massifs du Royans, du Vercors, de la Chartreuse, il est possible d'y faire plusieurs subdivisions. On y trouve de bas en haut :

1° Un premier horizon de calcaires à caprotines ;

2° Une première zone de marnes à orbitolines, appelée encore marnes à ptérocères ;

3° Un deuxième horizon de calcaires à caprotines ;

4° Une deuxième zone de marnes à orbitolines.

Cette dernière manque en Savoie. L'ensemble de l'urgonien est formé par des calcaires très compactes se laissant difficilement attaquer par les agents atmosphériques. Cependant ils constituent un sol très perméable ; ils sont, en effet, toujours plus ou moins crevassés ; dès lors les eaux y pénètrent facilement. Ces eaux de pluie traversent ainsi toute la masse des calcaires blancs à caprotines et ne s'arrêtent qu'aux assises marneuses à spatangues, d'où elles sortent en sources volumineuses. C'est, par exemple, le cas pour les sources de la Doria et de la Fontaine-Noire. Ces eaux de pluie, chargées d'acide carbonique, en traversant les calcaires à caprotines, en dissolvent d'assez grandes quantités. Alors les crevasses s'agrandissent, et si l'eau y séjourne, les crevasses passent avec le temps à l'état de grottes. C'est sans doute ce qui s'est produit pour la grotte de la Doria. La plupart des grottes ou des sources ayant un débit d'eau relativement considérable, dans les Beauges ou le massif de la Chartreuse, se sont ainsi formées. Nous avons cité la Doria et Fontaine-Noire, on pourrait citer encore les sources du Guiers-Vif et du Guiers-Mort.

Quand les calcaires à caprotines, dit M. Lory, sont très compactes et stratifiés par bancs très épais, comme c'est le cas pour le massif de la Chartreuse, la surface des plateaux ou des pentes formées par ces calcaires est sillonnée de crevasses à parois corrodées, que la dissolution lente par l'eau chargée d'acide carbonique tend à agrandir incessamment. Dans ces crevasses s'accumule la petite quantité de résidu insoluble que peuvent fournir ces calcaires, et qui consiste généralement dans une terre argilo-ferrugineuse dépourvue de carbonate de chaux. Telle est l'origine du sol forestier qui supporte les plus belles parties de ces forêts de la Chartreuse, du Vercors, etc., situées principalement sur le calcaire à caprotines. Lorsque ces pentes sont déboisées, les pluies entraînent rapidement cette petite quantité de terre végétale, dont la formation était l'œuvre d'une longue série de siècles ; la surface des calcaires reste nue et crevassée, condamnée dès lors à une stérilité perpétuelle. Aussi cette nudité, ces crevasses multipliées et béantes, si frappantes dans les crêtes néocomiennes qui s'élèvent au-dessus de la végétation forestière (Grand-Som, Haut-du-Seuil, Moucherolle, etc.), se remarquent beaucoup trop fréquemment dans des montagnes bien moins élevées, qui ont été imprudemment déboisées et qui le sont désormais sans remède.

Enfin, il n'est pas inutile de rappeler que c'est dans les calcaires à caprotines que l'on trouve de l'asphalte. C'est un fait géologique extrêmement curieux et encore inexpliqué d'une manière satisfaisante.

Dans le premier horizon des calcaires à caprotines les fossiles sont abondants, nous citerons : *caprotina (chama), ammonia, pygaulus depressus, pygnodus coulonii, rhynchonella lata*, etc. Il arrive quelquefois, comme au Granier par exemple, que des calcaires à caprotines prennent un faciès coralligène. On y trouve de nombreux polypiers et des nérinées, *nerinœa chamousseti*, et souvent, ce faciès coralligène est accompagné par de la dolomie, ainsi que nous l'avons signalé pour le corallien du Mont-du-Chat.

Sur ces calcaires à caprotines on trouve des calcaires marneux avec *orbitolina conoïdea, pteroceras pelagi, terebratula pralonga* et de nombreux oursins. Puis vient le deuxième ho-

4

rizon des calcaires à caprotines avec *caprotina ammonia,
caprotina lonsdalii*. Enfin, dans le Dauphiné, aux Ravix, près
Villard-de-Lans, au Rimet, etc., on trouve la deuxième zone
des calcaires marneux à orbitolines. On y rencontre encore
orbitolina conoïda et une autre variété *orbitolina discoïdea*,
accompagnées de nombreux fossiles.

L'horizon inférieur des calcaires à caprotines est très caractérisé à la croix du Nivolet et dans toute cette chaîne, où il
forme la dernière crête, ainsi qu'au Margerias, au mont
Rossane, à la Tournette et au-delà. On le retrouve à Hautheran, au Corbelet, à Voglans, à la Chambotte, au Clergeon, etc. ;
au Mont-du-Chat, dans le haut de la vallée de Couz et le massif
de la Chartreuse.

A Voglans, mais surtout aux environs de Seyssel, il présente
une texture crayeuse assez tendre ; c'est la pierre qui a été
employée aux statues d'Hautecombe. En se rapprochant des Alpes, ce calcaire devient plus dur. A Annecy, il n'y a plus que
quelques parties isolées ayant l'aspect crayeux ; au mont
Brezon, près de Bonneville, les calcaires à caprotines sont d'un
gris blanchâtre ; entre Vallon et Sixt, ils fournissent des mar-
bres noirs.

L'urgonien termine en Savoie le terrain néocomien, sauf un
petit lambeau d'aptien que l'on rencontre à la Perte-du-
Rhône.

L'aptien est bien développé dans le Vaucluse. A Apt, il se
compose de marnes noires, alternant avec des grés verdâtres.
On y trouve : *bel. semicanali culatus, am. nisus, ostrea aquila,
plicatula placunœa*, etc. On le rencontre encore dans la Drôme,
où sa station nord la plus avancée paraît être Chaffal. D'après M.
Lory, l'aptien manque dans l'Isère. En Savoie, il existe à la
Perte-du-Rhône ; on y trouve : *plicatula placunœa, et ostrea
aquila*. Il est douteux qu'il y en ait dans les Alpes.

Nous placerons les dépôts allant des marnes à ciment de
Montagnôle à l'aptien, dans le grand étage appelé néocomien,
et pour les environs de Chambéry, nous y ferons les divisions
suivantes :

Premier niveau, comprenant : les calcaires à ciment, une
lumachelle, des calcaires argileux ; des marnes et des calcaires. On y trouve : *am. berriacensis, am. neocomiensis,
am. occitanicus, am. rarefurcatus, am. tethys*.

Deuxième niveau ou valangien, comprenant : les calcaires
dits du Fontanil, des calcaires marneux. Les principaux fossiles sont : *pygurus rostratus, holectypus macropygus, pholadomya elongata, panopœa neocomiensis, terebratula carteroniana, ostrea macroptera, janira atava* ; *bel. subfusiformis* ;

am. cryptoceras, amm. astierianus, nautilus pseudo-elegaus.

Troisième niveau ou calcaires marneux à spatangues, comprenant, des marnes et des calcaires souvent en rognons dans les marnes. On y trouve : *echinospatagus cordiformis, toxaster gibbus, dysaster ovulum, am. cryptoceras, ostrea couloni,* etc.

Quatrième niveau ou urgonien, comprenant : des calcaires compáctes ; des calcaires marneux. On y trouve : *caprotina (chama, requienia), ammonia, caprotina lonsdalii, orbitolina conoïdea, pteroceraspelagi, rhynchonella depressa, nerinœa chumousseti, pygnodus coulonii, toxaster oblongus.*

Cinquième niveau ou aptien, comprenant : des grés à la Perte-du-Rhône. Les fossiles trouvés en Savoie sont : *ostrea aquila, plicatula placunœa, pecten aptiensis, trigonia nodosa.*

Excursion du 24 juin 1880
dans la vallée d'Entremont-le-Vieux

Étage du gault

A l'ouest d'Entremont-le-Vieux est la Pointière, petite montagne de gault et de craie située au milieu d'un immense cirque dont les monts Granier, la Cochette, Hautheran et de Joigny, constituent les bords. Une coupe allant de la Cluse de Corbel aux Bessons en passant par la Pointière donne :

1º Des marnes et des calcaires à spatangues ;

2º Un calcaire à caprotines ;

3º Une lumachelle toute jaunâtre représentant le gault ;

4º De nombreuses couches de craie blanche avec *ananchites ovata* et *belemnitella mucronata.*

Au-delà est la faille d'Entremont, et les terrains de la craie supérieure s'arrêtent contre les calcaires jurassiques à *am. plicatilis.*

Le gault est l'étage reliant le néocomien tel que nous l'avons défini au terrain crétacé supérieur. Sa nature minéralogique est caractérisée par la présence des rognons de phosphate de chaux. Cependant, l'ensemble de la roche peut être formé par de l'argile, comme par exemple l'argile de Forges dans l'Oise, ou d'Andenne, en Belgique ; ou par de la gaize, c'est-à-dire une roche calcaréo-sableuse avec silice soluble dans l'acide chlorhydrique, ou encore par une véritable lumachelle d'une épaisseur variant de 5 à 30 mètres, comme cela se voit dans le massif de la Chartreuse. Les fossiles du gault sont assez abondants, nous citerons : *am. delucii* (Brong), *amm. mammillatus* (Schl), *am. beudanti* (Brong), *inoceramus concentricus* (Park), *inoceramus sulcatus* (d'Orb.), *tereb. dutempleana* (d'Orb.), *discoïdea conica* (Des.), etc.

M. Lory rapporte que, dans nos régions, la distribution du gault est l'inverse de celle de l'aptien. Le gault existe dans la Savoie, l'Isère, les montagnes du Vercors et du Royans, mais il manque généralement dans toutes les autres localités crétacées de la Drôme et des Hautes-Alpes, où, au contraire, les marnes aptiennes existent.

En Savoie, on rencontre le gault dans la zone subalpine, et sur les bords du Rhône, dans les environs de Seyssel. Dans la vallée d'Entremont-le-Vieux, au plateau de l'Alpette, à la Ruchère, etc., on trouve l'étage du gault formé par une lumachelle à fossiles difficilement déterminables. On a reconnu cependant *terebratula dutempleana* (d'Orb), *am. milletianus* (d'Orb). La position de cette lumachelle est celle de l'aptien, c'est pourquoi on pourrait être tenté de la faire rentrer dans ce sous-étage. Mais, dit M. Lory, bien que la détermination des fossiles cités plus haut ne soit pas tout à fait certaine, ces fossiles paraissent indiquer que les lumachelles se rattachent au gault plutôt qu'à tout autre étage crétacé. Les lumachelles sont en effet en relation intime avec la petite assise du gault proprement dit qui les surmonte ; elles contiennent même souvent des grains quartzeux et des fragments de fossiles roulés, comme ceux qui la composent. Il arrive même quelquefois que la liaison est si intime entre la lumachelle et la couche à fossiles, qu'il n'y a pas deux couches distinctes, et le tout est recouvert par la craie supérieure. C'est pourquoi on peut regarder la lumachelle comme une dépendance de l'étage du gault, et non comme un équivalent des marnes aptiennes.

Dans le massif de la Chartreuse, le gault se présente, avec la craie blanche ou sénonien, emprisonné le plus souvent dans les replis du crétacé inférieur, comme à Valfroide, ou dans les plis concaves, comme au plateau de l'Alpette, au Grand-Som, au Charmant-Som ; quelquefois les plis paraissent se fermer comme sous le château de Saint-Pierre-d'Entremont. On retrouve le gault au nord de Chambéry, absolument dans les mêmes conditions stratigraphiques, dans le massif des Beauges. Il fait également partie des montagnes situées au-dessus de Sallanches. C'est ainsi qu'on le trouve à la pointe des Fiz. Cette montagne offre pour l'étude des terrains sédimentaires de la Savoie une des coupes naturelles les plus importantes. On y trouve, en effet, sauf les mollasses, tous les terrains signalés en Savoie, à savoir :

1º Les schistes cristallins ;
2º Les terrains carbonifères ;
3º Le trias ;
4º Le jurassique ;
5º Le crétacé comprenant le néocomien, le gault et le sénonien ;
6º Le nummulitique.

Il y a cinquante ans, a dit M. Lory dans une conférence faite à la Sorbonne, l'illustre collaborateur de Cuvier dans la *Description minéralogique des environs de Paris*, Alexandre Brongniart, constatait que la petite couche du gault de la pointe des Fiz contenait de nombreux fossiles identiques avec ceux qui se rencontrent, au-dessous de la craie, dans le gault de l'Yonne, de l'Aube et de toute la bordure orientale du bassin de Paris, dans ce même gault où on les a trouvés depuis, sous Paris même, à 500 mètres de profondeur, au fond du puits de Grenelle. Par une de ces intuitions qui ouvrent des horizons nouveaux dans la science, Brongniart en conclut la formation simultanée de ces dépôts dans une même mer, en d'autres termes l'existence du terrain crétacé dans les Alpes. Brongniart ne connut pas, dans la montagne des Fiz, d'autres fossiles qui se trouvent dans les couches plus élevées ; mais il les étudia dans une localité située un peu plus au nord, sur le prolongement direct de la même chaîne, à 3,000 mètres d'altitude, sur la montagne des Diablerets, dans le canton de Vaud ; il y reconnut des espèces identiques avec celles des terrains tertiaires des environs immédiats de Paris, et il n'hésita pas à en conclure que ces dépôts, de l'une des dernières périodes géologiques, constatés jusque-là seulement dans des pays de plaines, se retrouvaient jusque sur les sommités des Alpes, que les opinions courantes, dans l'ancienne géologie, tendaient à regarder comme une œuvre chaotique des temps les plus reculés de l'histoire du globe. C'est ainsi par l'étude des pays de plaines, surtout par la connaissance des lois de la distribution des fossiles dans la série normale de leurs couches, que la géologie des grandes montagnes a été subitement éclairée, et elle doit à des géologues du bassin de Paris ou des coteaux de l'Angleterre, des lumières que l'on ne pouvait pas même entrevoir à travers les immenses travaux poursuivis par tous les grands géologues minéralogistes de la période antérieure à 1820.

L'aspect de la roche du gault de la pointe des Fiz, du Faucigny, du bas Valais, est totalement différent du gault de la Chartreuse ou de la Perte-du-Rhône. C'est une roche noire avec des fossiles noirs souvent tout cassés ou aplatis. Il importe de remarquer, avec M. de Mortillet, que ce rembrunissement des roches à mesure qu'on se rapproche du centre des Alpes, est général. Il existe pour l'oxfordien, le gault, le sénonien et le nummulitique. J'ai trouvé le *micraster brongniarti* dans un calcaire aussi noir que celui du lias Alpin.

Nous avons dit que la caractéristique minéralogique du gault était la présence du phosphate de chaux. Le phosphate est un des éléments le plus répandus dans la nature ; c'est aussi un des plus utiles au développement des plantes et des animaux. Cependant, remarquons que souvent il est difficile d'en déceler la présence dans les analyses de roches ou de terres ; ce corps est loin d'avoir été créé, comme l'a dit M. Elie de Beaumont, pour l'agrément des chimistes. Cependant, grâce aux perfectionnements incessamment apportés aux procédés analytiques, il est permis d'affirmer que toutes les roches primitives renferment du phosphore. De ces roches, la molécule de phosphore passe dans les plantes et de là dans les animaux. Voyons le procédé. Sous l'action des agents atmosphériques, ces roches sont divisées. La végétation s'y développe, accumulant tout à la fois en elle le carbone qu'elle rendra sous forme de bois ou de charbon, et les phosphates que les racines plongées dans un sol vierge s'assimilent, distribuent dans toute la plante pour les abandonner ensuite au sol dans un état de grande division. Mais certains animaux se nourrissent de plantes, et la molécule de phosphore subissant une nouvelle modification, s'assimile aux tissus animaux. Cette molécule n'est plus une masse inerte, ce n'est plus la partie minérale de la plante, c'est la chair, la substance nerveuse, la charpente osseuse de l'animal ; alors elle est à la fin de son évolution ; l'animal meurt, et la molécule de phosphore retourne au sol toute disposée à recommencer son cycle.

Le phosphore existe en abondance dans le pollen des plantes ; on le trouve dans les fruits, surtout dans les graines. Il fait partie des os, des muscles, de la substance nerveuse, du sang, du lait, de l'urine. Dissous par les fluides des animaux, dit M. Bobierre, il est sans cesse porté d'un point à l'autre de l'individu, et, alors même que la dose totale reste fixe pour un animal déterminé, sa molécule néanmoins, déplacée par des actions dissolvantes ou vitales, est excrétée, puis remplacée par une molécule nouvelle qu'apporte le système digestif. Enlever aux aliments l'acide phosphorique et la chaux, essayer de nourrir un animal avec des principes purement azotés, c'est attenter à son existence. L'animal est, sous ce rapport, complétement identique à la plante.

Ainsi le phosphore existait dans les roches primitives, celles-ci l'ont cédé aux plantes, et ces dernières aux animaux, et, incessamment cet élément recommence son cycle, il ne peut en être autrement ; la vie des plantes et des animaux ne pourrait être sans lui.

On peut estimer, dit M. Elie de Beaumont, à environ un milliard le nombre des hommes qui, depuis les Celtes jusqu'à nous, sont nés et ont grandi sur le territoire de la France. Tout l'acide phosphorique contenu dans leurs os et dans leurs chairs provenait de notre sol, et, soit qu'ils aient émigré, soit qu'ils soient morts en France et qu'ils aient été brûlés ou enterrés, tout cet acide phosphorique a été soustrait aux emplois agricoles. Si quelques-uns se sont noyés dans les fleuves, leurs cadavres ont été entraînés à la mer. Ceux-là seuls qui ont été dévorés par les loups et autres bêtes sauvages — et le nombre peut en être négligé — ont rendu leur acide phosphorique à la terre végétale, comme le font les animaux et les plantes sauvages.

Un squelette humain desséché pèse en moyenne 4 kilogrammes 600 grammes, et l'on peut admettre que ceux-ci renferment 2 kilogrammes 440 grammes de phosphate de chaux. Pour la partie charnue, des recherches ont démontré que l'on pouvait admettre 840 grammes de phosphate de chaux. Ce qui donne 3 kilogrammes 280 grammes pour la totalité du phosphate de chaux du corps de l'homme adulte, ou 1 kilogramme 439 grammes d'acide phosphorique, ou 639 grammes de phosphore natif pur pour les quantités de ces substances qui sont renfermées dans un corps humain.

Mais il s'agit du corps humain adulte de taille moyenne, or, dans le milliard d'individus dont nous avons parlé, la moitié était constituée par les femmes, généralement plus petites que les hommes, et près de la moitié des individus des deux sexes sont morts avant l'âge adulte, à diverses époques de l'enfance et de l'adolescence. Cette double circonstance exigerait une double réduction à laquelle nous aurons probablement égard d'une manière à peu près exacte, en supposant que chaque corps contenait en moyenne une quantité d'acide phosphorique correspondant à 2 kilogrammes de phosphate de chaux.

D'après ces données, le milliard d'individus dont le sol de la France a fourni l'acide phosphorique en a emporté, en mourant, une quantité correspondant à deux millions de kilogrammes ou deux millions de tonnes de phosphate de chaux.

Si l'on ajoute que, suivant toute apparence, le phosphate de chaux renfermé dans les sépulcres n'est qu'une fraction peu considérable de la quantité que le sol de la France en a perdu, on verra que, pour pouvoir lui rendre la vigueur végétative qu'il possédait au temps des Celtes et des Gaulois, il faudrait que l'exploitation des couches qui contiennent du phosphate de chaux devînt une branche importante de l'industrie minérale.

L'expérience a démontré que certains sols arables exigeaient impérieusement, pour donner de bonnes récoltes, des phosphates ; sur d'autres, les effets de ces engrais sont presque inefficaces. C'est ainsi que les terrains argilo-schisteux, les débris des anciennes moraines glaciaires des environs de Chambéry, constituent des sols sur lesquels les phosphates produisent d'excellents résultats. Il en est de même lorsqu'il s'agit du défrichement de landes. Mais l'action des phosphates est faible ou nulle sur les sols calcaires ; dans ce cas, pour en tirer profit, il faut l'associer aux principes azotés. Il est donc du plus grand intérêt d'étudier avec soin la composition du sol, avant que de procéder à l'achat de l'engrais chimique.

Depuis quelques années les engrais phosphatés sont recherchés par l'agriculture, qui utilise les os calcinés, les noirs de sucrerie ou les phosphates fossiles. Les fossiles sont des substances, jadis vivantes, qui ont passé d'une époque géologique plus ou moins reculée à notre époque, en laissant dans les dépôts sédimentaires des traces durables de leur forme première. Certains de ces dépôts sédimentaires sont uniquement formés de débris animaux. En Toscane, 45 grammes d'une pierre des montagnes de Casciana ont fourni à Soldani 10,454 coquilles cloisonnées. Le tripoli de Bilin, en Bohème, a donné à Ehrenberg, pour 27 millimètres cubes, jusqu'à 41 millions de petites carapaces siliceuses d'infusoires. Et n'est-il pas vraiment étonnant, dit Buckland, que l'on soit demeuré tant de siècles dans l'ignorance de ce fait, maintenant complétement démontré, qu'une portion considérable de la surface actuelle du globe a été formée par les débris des animaux dont les anciennes mers étaient peuplées. Il existe de vastes plaines et d'énormes montagnes qui ne sont pour ainsi dire que les ossuaires immenses des précédentes générations, où les débris pétrifiés des animaux et des végétaux éteints se sont amoncelés pour former de merveilleux monuments. Ces monuments nous attestent le travail de la vie et de la mort durant des périodes d'une énorme étendue.

Les débris fossiles des grands animaux se rencontrent dans

les brèches osseuses et les cavernes à ossements ; ils constituent quelquefois d'énormes amas de phosphates de chaux ; on rencontre également ceux-ci à l'état de coprolithes et de nodules. Ceux-ci se trouvent principalement dans le gault ou albien situé à la base du cénomanien.

Les nodules de phosphate de chaux, dit M. Elie de Beaumont, sont les compagnons fidèles des grains verts de silicate de protoxyle de fer désignés vulgairement par les géologues sous le nom de chlorite ou de glauconie. Si on admet, ce qui n'a rien d'improbable, que les nodules de phosphate de chaux doivent continuer à accompagner ailleurs les grains verts glauconiens, on sera fondé à les rechercher en France dans une zone fort étendue, c'est-à-dire dans la plus grande partie de la zone du terrain crétacé inférieur.

Ainsi, les nodules de phosphate de chaux se rencontrent essentiellement dans la zone des grés verts. Cette zone existe en Savoie, principalement dans le bassin de Seyssel ; mais il serait utile d'en rechercher des gisements dans le massif des Beauges et dans la partie nord de la zone subalpine.

L'agriculture, dans nos contrées, a tout à gagner à la découverte de pareils gisements ; espérons que cela se réalisera et que la géologie rendra une fois de plus service à notre pays. Si découvrir est sa joie, être utile est sa récompense, a dit un de nos anciens professeurs.